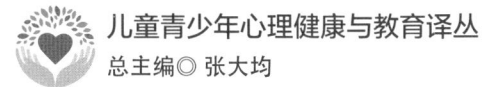

儿童青少年心理健康与教育译丛

总主编◎ 张大均

茁壮成长的儿童
青少年积极发展指标的界定与测量

Flourishing Children:
Defining and Testing Indicators of
Positive Development

[美] 劳拉·H.李普曼（Laura H. Lippman）等 编著

邵景进 陈丽 译

西南大学出版社
国家一级出版社 全国百佳图书出版单位

图书在版编目(CIP)数据

茁壮成长的儿童:青少年积极发展指标的界定与测量 / (美)劳拉·H.李普曼(Laura H. Lippman)等编著;邵景进,陈丽译. -- 重庆:西南大学出版社,2022.8
(儿童青少年心理健康与教育译丛)
ISBN 978-7-5697-1499-9

Ⅰ.①茁… Ⅱ.①劳… ②邵… ③陈… Ⅲ.①青少年心理学—人格心理学 Ⅳ.①B844.2

中国版本图书馆CIP数据核字(2022)第140032号

Translation from the English language edition:
Flourishing Children: Defining and Testing Indicators of Positive Development
by Laura Lippman, Kristin Anderson Moore, Lina Guzman, Renee Ryberg, Hugh McIntosh
Manica Ramos, Salma Caal, Adam Carle, and Megan Kuhfeld
Copyright © The Author(s) 2014
This work is published by Springer Nature
The registered company is Springer Science+Business Media B.V.
All Rights Reserved by the Publisher

茁壮成长的儿童:青少年积极发展指标的界定与测量

[美]劳拉·H.李普曼(Laura H.Lippman) 等 编著
邵景进 陈丽 译

责任编辑:任志林 谭小军
责任校对:张 昊
封面设计:杨 涵
排　　版:瞿 勤
出版发行:西南大学出版社(原西南师范大学出版社)
　　　　　邮编:400715 网址:www.xdcbs.com
　　　　　市场营销部电话:023-68868624
经　　销:新华书店
印　　刷:重庆华数印务有限公司
幅面尺寸:170 mm×240 mm
印　　张:10
字　　数:158千字
版　　次:2022年8月第1版
印　　次:2022年8月第1次印刷
著作权合同登记号:版贸核渝字(2020)第182号
书　　号:ISBN 978-7-5697-1499-9
定　　价:68.00元

儿童青少年心理健康与教育译丛
编委会

总主编:张大均

编　委:王金良　张　骞　邵景进
　　　　张家军　陈本友　岳亚平

总序

儿童青少年健康发展事关国家和民族未来、家庭幸福和个人成长成才，备受各国重视。心理健康是儿童青少年健康发展的重要方面，对此西方发达国家既有长期而深入的研究，也有丰富而系统的教育实践。随着我国素质教育和人才强国战略的全面推进，儿童青少年心理健康受到全社会的普遍关注，中共中央、国务院及各级教育行政部门也相继出台了一系列关于开展和加强学生心理健康教育的文件及政策举措。近年来，心理健康事业发展迅猛，不但学校普遍开设了心理健康课程，而且社会各行各业人员心理健康服务的需求也日趋旺盛，亟待加强心理健康研究及服务工作。儿童青少年心理健康教育是一项科学性、时代性、针对性和实践性都很强的教育工作，它既是学校教育的重要内容，又不同于学校的其他（如学科）教育，有其自身的特点和规律。我国开展儿童青少年心理健康研究及其教育起步较晚，与西方发达国家相比，无论是理论还是实践都存在一定差距，这是不争的事实。缩小这种差距的根本途径就是加快心理健康专业化服务能力和服务水平的建设，而其主要实现路径一是立足国内，开展符合中国文化、国情和教情实际的、有中国特色的科学研究和教育实践；二是放眼国际，学习借鉴西方发达国家新近相关成果，达成"洋为中用"之目的。为此，西南师范大学出版社组织翻译出版了这套"儿童青少年心理健康与教育译丛"，以期为广大儿童青少年心理健康研究者、教育者及相关人士提供"他山之石"，为促进我国儿童青少年心理健康及教育事业发展服务。

"儿童青少年心理健康与教育译丛"各书的遴选遵循以下三条原则。

一是前沿性。国际心理健康研究及教育促进的中心经历了由个体心理问题的消极防范到积极心理品质的发展促进的转变，本译丛选择的各书均系遵循

I

积极心理学思想的新近研究成果,反映该领域前沿性研究水平。二是权威性。入选本译丛的图书,从作者来看,大都是长期从事本领域研究或指导工作的知名专家,其中不乏国际著名学者;从内容来看,大多是该领域新近的、有代表性的研究成果,如《学校积极心理学手册》(第 2 版)、《青少年心理韧性和文化——共性与复杂性》、《蒙台梭利——天才背后的科学》(第 3 版)等都是本领域的权威著作。三是实用性。本译丛选择的图书,首先十分注重其工具性作用,如《学校积极心理学手册》(第 2 版)、《茁壮成长的儿童:青少年积极发展指标的界定与测量》和《幼儿教师教育手册》等都属于各相关领域的权威工具书。其次强调操作性,如《积极教育的循证路径——学校心理健康教育的实施策略框架》、《0～12 岁儿童的游戏——语境、观点与意义》(第 3 版)等都是基于自然教育情景的研究成果总结,具有较强的操作性和实践价值。

"儿童青少年心理健康与教育译丛"首批选入的如下七种著作各具特色和价值。

《学校积极心理学手册》(第 2 版)(*Handbook of Positive Psychology in Schools, 2nd Edition*)是学校积极心理学领域的权威性工具书,是了解国际积极心理学的教育理念与实践经验,开展积极心理学的本土化研究和实践的必备的、重要的参考书。该手册由美国著名心理学家、加州大学圣巴巴拉分校的 Michael J.Furlong 教授,美国辛辛那提儿童医院医学中心 Rich Gilman 教授,美国南卡罗来纳大学心理学系学校心理学研究中心 E.Scott Huebner 教授主编。该手册将全球学校积极心理学领域的新近研究成果汇聚到一起,主要探讨了积极情绪、人格特质和机构设置如何促进学生积极的学业成就和健康的社会情绪,探索了积极心理学在各国学校教育政策制定中的应用。

《青少年心理韧性和文化——共性与复杂性》(*Youth Resilience and Culture: Commonalities and Complexities*)是目前出版的唯一一本关注文化与心理韧性的专著,书中介绍了研究者们在心理韧性研究中心(Resilience Research Centre)、"国际心理韧性"项目(International Resilience Project)、"心理韧性研究之路"项目(Pathways to Resilience Research Project)中的重大成就与

发现，为以后研究系统解释文化为什么、怎么样塑造心理韧性过程奠定了基础。该书作者 Linda Liebenberg 和 Michael Ungar 任教于加拿大达尔豪斯大学，是心理韧性与社区发展领域中的主要研究者。该书主要讨论了文化塑造心理韧性的方式，激发各式研究展开的理论，以及研究者继续进行心理韧性调查研究时应加以考虑的注意事项。尽管研究者们对文化在韧性过程中所起的作用越来越感兴趣，但目前我国还没有出版一本关注文化与心理韧性的专业书籍，该书的出版正好可以弥补这一空缺。

《积极教育的循证路径——学校心理健康教育的实施策略框架》（*Evidence-Based Approaches in Positive Education：Implementing a Strategic Framework for Wellbeing in Schools*）主要是将积极心理学的基本原理与主张应用于教育实践之中。作者 Mathew A. White 博士是澳大利亚健康与康复中心教育委员会的成员之一，于 2015 年被任命为国际积极教育联盟（IPEN）的全球代表。通过作者在澳大利亚阿德莱德圣彼得学院的试验，介绍了如何通过学校变革来塑造学生积极的心理品质。该书为积极心理学在学校中的实践提供了鲜活的例证，有突出的应用价值。

《茁壮成长的儿童——青少年积极发展指标的界定与测量》（*Flourishing Children—Defining and Testing Indicators of Positive Development*）是有关青少年积极发展变量测量的重要工具书，作者之一的 Kristin Anderson Moore 博士是国际公认的、拥有超过 40 年的学习和改善儿童和家庭幸福感的经验的社会心理学家。随着积极心理学的发展，青少年积极发展受到研究者们越来越多的关注，但是目前关于青少年发展状况的衡量标准缺乏统一的工具和指标。本书为青少年积极发展的 19 个结构变量编制了测量量表，其中囊括青少年发展的六个领域：人际关系、人际关系技巧、学校和工作发展、助人发展、环境管理和个人发展。每个量表都将单独使用或结合起来使用，以解决青少年发展中重要结构变量的现有测量工具的不足问题。

《幼儿教师教育手册》（*Handbook of Early Childhood Teacher Education*）非常适合从事幼儿教师教育以及 0~8 岁的儿童工作的准教师和在

职教师使用。本书由美国新罕布什维尔大学的教育学副教授 Leslie J. Couse 和美国哥伦比亚大学师范学院早期儿童中心主任 Susan L. Recchia 教授编著。该手册考察了幼儿教师教育的特征,分析了幼儿教师教育的优劣,描绘了幼儿教育者的未来蓝图,提供了发展幼儿教师教育的实践路径,论证了游戏情境中幼儿教师的独特身份,从而认可、识别及解释儿童的学习。该手册整合当代幼儿教师教育的理论研究与实践,关注儿童发展、家庭角色和学习者的社会支持,主要论述了 21 世纪的幼儿教师教育的背景、历史和公共政策、幼儿教师教育的知识基础、幼儿教师教育的模型/取向、为支持多元化学习者的教师做准备的教育学取向、幼儿教师教育的当代影响。

《0～12 岁儿童的游戏——语境、观点与意义》(第 3 版)(*Play from Birth to Twelve*:*Contexts*,*Perspectives*,*and Meanings*,3rd *Edition*)可以作为艺术、人文、社会科学和各种专业领域的学生或教师的资源。该书由美国霍夫斯特拉大学的荣誉教授 Doris Pronin Fromberg 和俄亥俄州迈阿密大学著名的荣誉教授 Doris Bergen 编著。该书涵盖了我们现在所知道的关于游戏的知识以及它的指导原则、动态和对于儿童早期学习的重要性。而其中的新章节又包含了游戏领域当前和未来的发展,比如执行功能、神经科学、自闭症、博物馆里的游戏、"小世界"游戏、全球问题、媒体和科技等。人类学家、儿童发展专家、教育家、心理学家、社会学家、社区规划者、游戏倡导者、通信专家和公共事业专家也都能受益于本书。

《蒙台梭利——天才背后的科学》(第 3 版)(*Montessori*:*The Science Behind the Genius*,3rd *Edition*)的亮点在于阐述时提供大量相关研究,给出科学理据,说明运作原理,并且详细介绍这些原理在蒙台梭利教室中是如何运用和实现的。该书作者 Angeline Stoll Lillard 是美国弗吉利亚大学心理学教授、心理科学协会和美国心理学会的成员。该书文献丰富、客观详尽地介绍了蒙台梭利教育的理论基础、研究历史和应用模式;见解独特,方法有效;内容浅显易懂,富含教育智慧;受众对象广泛,是一本探索儿童教育发展的有益著作。正如美国教育心理学家 Jane M. Healy 博士所说:"如果你想了解蒙台梭利教育的当前发展现状与未来,你应该阅读这本权威的、有趣的图书。我把此书强烈推荐给家长、教育工作者、教育系的学生,事实上,任何想看到成长中的儿童之真正需要的人们。"

他山之石,可以攻玉。本译丛将上述著作翻译介绍给国内读者的目的,不仅是为了跟踪国际儿童青少年心理健康研究及教育实践的前沿,把国际学校积极心理学的最新研究成果介绍到国内,更重要的是为促进我国心理健康服务能力建设和服务水平提升提供参考,为促进我国儿童青少年心理健康及教育的科学性和有效性服务,为未来培养更多更优的高素质、创新型人才服务。

本译丛的出版,得到了西南师范大学出版社的大力支持,在此我谨代表全体译者表示衷心的谢意!

张大均

2017年9月于西南大学

译者序

儿童青少年发展以及更广泛的人类发展包括积极的和消极的发展过程，积极发展和消极发展都是个体发展中的重要组成部分。然而，过去很长一段时间内，儿童青少年发展研究重心主要集中于识别和修补问题、缺陷相关的消极发展指标上，比如对儿童青少年焦虑、抑郁、孤独等负性情绪以及抽烟、违纪、攻击等问题行为进行了系统而深入的研究，而相对忽略了儿童青少年发展过程中潜能、优势相关的积极发展指标，较少涉及儿童青少年发展中的希望、感恩和宽恕等人性中积极正向的品质。显然，这种仅仅关注儿童青少年消极发展的研究取向与心理学研究的科学精神和社会使命相背离，致其无法充分地描绘出儿童青少年发展的全部图景，也难以最大程度地激发儿童青少年的潜能。随着积极心理学的兴起，越来越多的研究人员、教育工作者和实践者开始关注儿童青少年发展中的优势与长处，激发内在潜能，培养美好品质，促进茁壮成长。

尽管如此，儿童青少年积极发展相关构念界定和测评工具编制方面远远滞后于消极发展测评领域，仍存在诸多亟需解决的关键问题，比如儿童青少年积极发展很多重要构念尚缺乏清晰界定与相应测评工具，或既有测评工具无法适用于儿童青少年群体，或缺乏针对不同群体的代表性及严谨的信效度检验，或因量表题项冗长难以满足大规模测试需求，严重限制了儿童青少年积极发展领域相关科学研究和实践应用。在这种情况下，非常有必要研制出一套具有坚实理论基础的、适合儿童青少年群体的、科学有效的积极发展标准化测评工具，这有助于对儿童青少年积极发展状况进行客观、有效的监测和评估，充分地激发儿童青少年的潜能，更有助于我们以全面均衡的视角看待儿童青少年茁壮成长与健康发展过程。

《茁壮成长的儿童：青少年积极发展指标的界定与测量》就是对探索和研发科学严谨的儿童青少年积极发展测评工具的一种积极回应。该书是儿童趋势(Child Trends)、乔治梅森大学、辛辛那提大学医学院和加利福尼亚大学洛杉矶分校等多家科研机构的研究者集体智慧的结晶，劳拉·H.李普曼和克里斯汀·A.穆尔为核心的研究团队通力合作，历时数载，针对人际关系、人际关系能力、学校和工作发展、助人成长、环境管理以及个人成长等积极发展的六大领域，按照构念界定、题项编制、认知访谈和全国样本初步调查等一系列标准化步骤，对儿童青少年积极发展中19个重要构念进行了清晰界定并研制了相应标准化的测量工具。这套测量工具涵盖儿童青少年积极发展中的重要领域，内容丰富、典型，量表清晰、简短，操作简便、易行，既可以成套使用，也可以单个量表单独使用，弥补了当前儿童青少年积极发展中可用测量工具不足的问题。相信本书出版将为相关研究人员、教育工作者和实践者开展儿童青少年积极发展相关研究、调查、监测及教育工作提供可用的测量工具，对于科学客观地了解儿童青少年积极发展情况、监测评估以及教育促进方面具有重要的现实价值，同时也为研发适合我国国情的儿童青少年积极发展相关标准化测量工具提供借鉴和参考。

本书由西南大学邵景进和重庆第二师范学院陈丽主译，负责全书译校事宜的组织协调以及译稿的审校与统稿工作。各章译者分别为：肖露霞、雷慧洁(摘要，第1章)，杨航、陈丽(第2章)，张蕾、杜卫平(第3章)。苟春、汪泽明、李逸乐、钟怡心在本书翻译过程中做了大量的校对工作,西南大学出版社编辑任志林先生提出了很多修改建议,在此深表感谢。

我们全体译校人员通力协作,先后经过初译、初校、复校和审校,数易其稿,但由于译者能力和水平有限,译文可能还存在一些不足甚至错误之处,恳请各位专家和广大读者批评指正,以便再版时修订完善。

邵景进

2022年7月于西南大学

摘要

"儿童积极发展计划"(The Flourishing Children Project)是对探索青少年积极发展严谨指标倡议的回应,为青少年积极发展中的19个重要构念开发了测量工具,这些测量工具主要涉及青少年积极发展的6个领域,即人际关系、人际关系能力、学校和工作发展、助人成长、环境管理以及个人成长。每个量表都可以单独或组合使用,旨在填补青少年积极发展中重要构念上可用测量工具方面的空白。第1章阐述了我们开发这些新指标的理论依据。通过提供青少年发展行为方面的数据,我们可以帮助政府、学校和非政府组织重点培养青少年的优势品质,以有效促进青少年的积极发展。第2章描述量表中的题项是如何进行编制、修订,以及如何通过认知访谈对其进行检验,以确保量表中的题项能够准确地评估每一个构念,并且答题者能对题项做出准确的回答。第3章则阐述了测量工具开发的最后阶段,即在基于全国性代表样本的初步研究中检验每个量表所选择题项的有效性,然后通过初步研究所获取的数据以评估每个量表的心理测量学特征。

目录 | CONTENTS

译者序 / I

摘要 / I

第1章 | 青少年积极发展的研究内容 / 01

1.1 研究计划概况 / 01

    1.1.1 为什么要测量青少年的积极发展 / 03

1.2 计划实施概况 / 07

    1.2.1 题项编制与文献综述 / 08

    1.2.2 认知访谈 / 08

    1.2.3 初步研究 / 09

    1.2.4 心理测量分析 / 09

1.3 基本框架和构念 / 10

1.4 构念 / 15

    1.4.1 人际关系能力 / 15

    1.4.2 人际关系发展 / 16

    1.4.3 学校和工作发展 / 17

    1.4.4 助人成长 / 18

    1.4.5 环境管理 / 19

    1.4.6 个人成长 / 19

参考文献 / 22

第2章 | 认知访谈：青少年调查问卷题项的设计 / 34

2.1 简介 / 34
    2.1.1 认知访谈的基本原理 / 34
    2.1.2 什么是认知访谈 / 36
    2.1.3 青少年调查问卷题项开发研究 / 36
    2.1.4 父母作为代理报告人的调查研究 / 38
    2.1.5 调查题项开发的最佳方法 / 39

2.2 方法 / 40
    2.2.1 被试招募 / 40
    2.2.2 样本 / 40
    2.2.3 研究设计 / 41
    2.2.4 研究过程 / 42
    2.2.5 访谈方案 / 43
    2.2.6 数据分析 / 44

2.3 研究结果 / 45
    2.3.1 经验一：参照群体 / 45
    2.3.2 经验二：构念选择 / 46
    2.3.3 经验三：题项清晰度 / 47
    2.3.4 经验四：题项突显度 / 48
    2.3.5 经验五：家长报告 / 49
    2.3.6 经验六：反应变异性 / 52
    2.3.7 经验七：开发一致的反应选项 / 53

2.4 讨论 / 55

参考文献 / 56

第3章 | 初步研究和心理测量分析 / 60

3.1 初步研究介绍 / 60

    3.1.1 被试招募 / 60

    3.1.2 研究程序 / 61

    3.1.3 激励措施 / 61

    3.1.4 调查问卷 / 61

3.2 心理测量分析 / 62

    3.2.1 心理测量分析概述 / 62

    3.2.2 亚组 / 65

    3.2.3 构念效度 / 66

3.3 结果 / 67

    3.3.1 人际关系能力 / 67

    3.3.2 人际关系发展 / 75

    3.3.3 学校和工作的发展 / 83

    3.3.4 助人成长 / 100

    3.3.5 环境管理 / 106

    3.3.6 个人成长 / 110

3.4 讨论 / 132

3.5 结论 / 134

参考文献 / 136

第1章
青少年积极发展的研究内容

1.1 研究计划概况

"儿童积极发展计划"(The Flourishing Children Project)是对探索青少年积极发展严谨指标倡议的回应。过去十年间,已经进行了许多严谨研究,这些研究结果证实积极性(或促进性)和保护性因素与青少年积极(或较少消极)发展结果的重要方面密切相关(Catalano et al., 2004; Lerner, 2009; Lippman et al., 2013)。然而,这些积极性因素的现有测量工具往往不具备发展适宜性,缺乏针对不同群体的代表性和有效性,或是量表既不够简短也不够严谨,因而无法满足全国测试和项目评估的需要。因此,"儿童积极发展计划"将针对青少年人际关系、人际关系能力、学校和工作发展、助人成长、环境管理以及个人成长等积极发展领域,并通过开发19个积极发展相关的测量工具来解决这些问题。

该计划的主要目的是测量促进青少年积极发展的一些重要领域,而绝非要涵盖青少年积极发展的所有层面。这些青少年积极发展的构念(Construct)之所以被挑选出来,是因为我们的研究团队在前人研究的基础上认为它们是非常重要的构念。但是,这些构念的测量工具需要加以开发或完善,因为(a)尚缺乏适用于青少年群体的测量工具,(b)即便确实存在测量工具,仍需要加以完善以适合多样化的青少年和父母群体,(c)那些基于小样本的测量工具则需要进一步检验其在全国样本中的适用性,或者(d)量表题项过多,而需要进行简化且保持良好的心理测量特征。

"儿童积极发展计划"无意于重复前人已经完成的工作。目前已经有很多优秀的积极测量指标——诸如积极健康行为和志愿服务,这些工具符合严格的测量标准且已经在全国性的调查中广泛使用,比如"学龄儿童健康行为调查"(the Health Behaviors in School-Aged Children Survey)"全美青年纵向调查"(the National Longitudinal Survey of Youth)"全美儿童健康调查"(the National Survey of Children's Health)以及"监测未来"(Monitoring the Future)。因此,我们没有必要为这些构念开发新的测量工具。我们已经在以前的论文中介绍过积极指标产生的框架,审视了全国和国际性调查中已有的积极指标框架和测量工具,并提供了相应测量工具的实例(Lippman et al., 2009, 2011)。除此之外,我们还进行过严谨的研究以考察积极性和保护性因素与青少年积极发展结果之间的关系(Lippman et al., 2013; Moore and Lippman, 2005)。这些评述内容仅在此做简要的介绍,以将注意力集中于我们自己的研究和结果上。

"儿童积极发展计划"没有开发青少年幸福感指数,或者进行涵盖幸福感多重领域的调查。相反,我们为青少年积极发展中19个相对独立的构念开发了测量工具。每个量表都可以根据需要在调查、研究和评估中单独使用或者组合使用,以此弥补青少年积极发展中某些重要构念上可用测量工具方面的空白。

1.1.1 为什么要测量青少年的积极发展

通过对儿童幸福感长达数十年的监测后,我们发现只有那些能够被测量的数据才是有价值的。通过提供问题行为的统计数据,我们可以帮助政府、学校和非政府组织重点解决这些高危人群的问题行为,并评估这些工作的结果。同样地,通过提供积极发展的统计数据,我们可以帮助这些组织机构有重点地培养青少年的优势方面,以促进他们的积极发展。

青少年幸福感的测量反映了我们的价值追求。如果我们希望青少年积极发展,那么我们就需要采用共识性定义对青少年积极发展进行清晰的界定,并且就像此前测量消极发展指标那样,严格地测量青少年的积极发展指标。唯有如此,这些测量工具才有可能被纳入调查、研究和项目评估中。良好的测量工具有助于提高公众对研究者们投身建设性和预防性行动以达到对这些积极目标价值的认识。

既然世人都在努力应对那些困扰家庭和儿童的经济、社会和政治上的挑战,可能有人会质疑,为什么我们的研究重点集中于发展儿童幸福感的积极指标而不是去完善与"剥夺"相关的消极指标。当青少年在这种挑战的环境里成长,当新的家庭组建时,当政府制定政策(或没有,考虑到预算赤字)以支持儿童和家庭时,政府和社会服务机构非常有必要清晰地了解积极发展是如何界定的,以及如何促进青少年积极发展特定领域的发展,从而最大程度地发挥青少年的潜能。除此之外,积极发展需要通过补充和增值现有青少年幸福感消极指标来进行测量,这样消极指标和积极指标才可能在调查、研究和评估中一起使用。实际上,在当前这个具有挑战性的时代,准确地界定和测量积极幸福感可能是非常适时的。

目前,许多青少年幸福感指标实际上是测量了"不健康"(Ill-being),比如吸毒和犯罪。儿童幸福感指标最初是用于监测儿童的生存状况(Ben-Arieh 2008)。所以,国家社会指标体系主要集中在儿童生存和幸福感相关的威胁因素上,从而导致人们的注意力转向到需要解决的问题上(Moore,1997)。

尽管关于儿童和家庭的统计调查是用于监测人们的"幸福感",但这些调查和指标报告却只包括很少的积极指标。美国政府的监测报告仅仅是这种情况的众多例子之一。从1997年至2003年,美国联邦儿童和家庭统计综合论坛(U.S. Federal Interagency Forum on Child and Family Statistics)每年都出版《美国儿童:幸福感的国家关键指标》(America's Children: Key National Indicators of Well-Being),其中仅包含少量的积极指标测量,主要是集中在教育领域,但是却提供了大量问题行为和环境的数据,例如非法药物使用、暴力犯罪、肥胖、吸烟、哮喘、情绪与行为障碍、死亡率以及青少年生育。在新闻稿中,所谓的"好消息"通常是指糟糕的事情减少了,比如青少年生育率下降了。当前很少有测量工具用于监测期望行为的上升(Bradshaw et al.,2007)。尽管监测问题行为并采取纠正行动是至关重要的,但积极幸福感也有必要纳入这些监测报告中,以便监测那些促进积极行为、人际关系和能力的相关政策与项目的实施效果。一些国家已经成功地研发了同时涵盖积极和消极指标的儿童幸福感指标体系,如爱尔兰、英国、加拿大、澳大利亚和新西兰。

对于儿童发展消极指标的关注可能会导致部分纳税人会认为儿童表现得很糟糕,并且难以采取措施以改善他们的状况(Public Agenda,1997)。这些消极感知,至少是在美国,会削弱公众投资儿童的意愿。这可能也会削弱个人行为,比如参加与儿童一起进行的志愿活动(Guzman et al.,2003;Moore and Halle 2001;Public Agenda,1997)。

由于与儿童发展相关的消极指标受到媒体、决策者和公众的广泛关注,所以人们也越来越意识到需要在大众文化,以及在心理学和教育学等特定领域中塑造儿童的优势。此外,政策制定者已经对诸如贫困和少数族裔青少年等高危人群的积极特征表现出越来越多的兴趣(Valladares and Moore,2009)。这一问题已经在心理韧性研究中得到了持续的关注(Catalano et al.,2004;Steinberg,2005)。

开发青少年积极发展指标的另一重要原因就是它展现了科学精神。儿童发展和更广泛的人类发展包含了积极和消极的发展过程(Bornstein et al.,2002;Eccles and Gootman,2002;Huston and Ripke,2006;Shonkoff and Phillips,2000)。所以,只关注儿童发展的消极指标是不科学的。另外,有关青年观(youth perspectives)、儿童社会学、教育、健康、社会与情感学习、积极心理学、发展心理学、儿童权利、人力资本形成和社会资本等方面的研究都支持并影响着积极指标领域的发展。

然而,另一个开发儿童积极指标的原因是,从业者智慧(practitioner wisdom)表明人们能够意识到他们的家庭、孩子以及社区的优势和长处,他们不想只听到与失败和问题相关的消极信息。但是,他们需要通过研究来检验他们的观点,告诉他们哪些优势是重要的,哪些优势具有坚实的研究基础,以及项目和社区所服务的特定群体的哪些优势可以准确地被测量。从业者也知道青少年将会参与并回应构建他们资源的项目,回避那些试图消除消极行为的项目。所以,这些项目需要能够监测参与者是如何构建他们资源的。

而且,青少年积极发展的方法和资源说法(The language of assets)已经在社区层面和服务人员中产生共鸣,如果这不是小报消息的话。此外,青少年积极发展促进项目和实践越来越受到来自国家和社区层面的研究、评估和政策的关注。

可能最为重要的是,当对青少年的幸福感进行访谈时,他们自己就会提到积极态度、品质、能力、行为和人际关系等方面(Fattore et al.,2009;Hanafin and Brooks,2005;Matthews et al.,2006)。与此同时,他们不认同也不希望因问题行为而被大家所知晓。在访谈和调查过程中询问青少年关于他们自身的优势特征,可以证明他们意识到并感到好奇,从而证实这些优势。这种互动可以增强他们参与数据采集的合作行为。同样地,当向父母询问时,父母也很高兴地去谈论他们孩子所具有的积极行为和品质。这些经验向我们的研究团队证明了在青少年调查研究中纳入并且测量积极指标是至关重要的。

最后,我们有必要从方法学的角度来改进现有青少年积极幸福感的测量工具。有一种观点认为积极指标的测量工具是"软的""有水分的",因为它们既缺乏数十年消极指标研究中所依托的研究基础,也缺乏像消极指标测量工具所具有的反复在全国性和国际性研究中使用的严格的心理测量特性。通过严格的不同人群的数据采集、量表心理测量特性分析以及结果报告才能使调查主管(Survey directors)相信:青少年幸福感的积极指标也能够进行严格的测量和收集数据。因此,有必要去证明,这些积极指标和测量工具在跨种族/民族、性别、社会经济地位和跨国家使用中是有效的和可信的。

此外,也有必要针对积极发展指标的构念和界定形成清晰的、共识性的定义。当每位研究者对相似的构念使用特定的定义和测量工具时,这些发展性构念会随着时间的推移变得越来越分化。当测量这些构念时,都是采用高度分化的特定量表进行评估的(Moore and Lippman, 2005)。相反,正如我们对研究计划中每个构念的现有多个量表进行审核时发现的那样,不同构念的量表往往在题项水平上存在诸多重叠之处。

现有的许多量表的长度也存在问题。最近有关发展科学方面的研究采用了更具包容性和积极性的方式以评估个体特征。这些研究中所使用的量表相当长,导致包含这些量表的全国性大规模调查花费昂贵,其中每分钟问卷测试的花费可能超过10万美金(Child Trends, 2003)。例如,Lerner及其同事(2005)提出了青少年积极发展的5C(Five Cs)模型(能力、信心、性格、关怀和联结)。然而与这个概念相关的量表长达20余页。同样地,Peterson和Seligman(2004)开发了一个人类美德的分类体系,涵盖诸如创造力、持久性和幽默等24种优势,该量表每个优势都包括10个题项。虽然这些测量工具都是经过深思熟虑且精心建构的,但还是有必要开发简短版量表以适用于大规模的全国性调查。

除此之外,许多现有的积极指标题项和量表在题项内容或者选项类型还缺乏测量上的特异性。人们身上所拥有的优势要比缺陷更为普遍,所以积极发展的测量中更需要具有特异性。同时,被试在积极指标测量报告中还表现出向上偏误的倾向(Upward bias),所以在设计量表选项类型时务必要谨慎,使其能够对反应谱上端的(高分组)被试也能够进行有效区分。这种情境也需要设置高阈值题项(High-threshold items)以便能够真正地将那些优势得分较高的被试从得分较低的被试中区分出来。为了解决向上偏误问题,研究者通常在编制量表时增加一些反向计分题作为真实性检验,但这种方法也造成内部一致性和拟合性的问题。此外,已有研究证实,积极指标的预测效度容易出现较大的变异性,而且当积极指标和结果变量之间存在正相关时,这种关系强度倾向于适中(Duv,2010;Lippman et al.,2013)。所以,青少年积极发展指标的测量工具及其效度检验仍然有很大的提升空间。我们的研究计划将试图解决这些问题。

1.2 计划实施概况

"儿童积极发展计划"历时三年半(2009-2012),在此期间我们完成了以下一系列任务:

- 查阅青少年积极发展构念及其测量工具的文献,以及任何可用的心理测量学信息;
- 形成共识性定义,包括对定义中每个成分进行具体测量的子元素;
- 确定测量每个构念中子元素的现有题项;
- 修订现有题项并且/或者编制新题项;
- 对全国各地受访者开展三轮认知访谈,包括面对面、打电话等形式;
- 基于认知访谈修订题项,设计初步研究所需的工具和实验;
- 对父母和青少年的全国样本进行初步研究;

- 完成初步研究中数据的心理测量学分析;
- 根据测试信度和拟合指标,最终确定青少年和父母的量表;
- 进行亚组分析,确保量表适用于每个群体;
- 对初步研究中健康、教育、社会行为和情绪健康领域的结果进行同时效度分析;
- 传播我们的研究结果。

1.2.1 题项编制与文献综述

简短且稳健量表的题项编制是一个多阶段的序列化的过程。首先,广泛搜索已有的积极发展构念的测量工具,收集这些已有的测量工具在不同人群中适用性的心理测量数据和研究成果。文献综述后,挑选出那些适合青少年的有效测量工具。由13名相关专家组成的咨询委员会也参与了题项鉴定和选择过程。

然后,基于文献综述,对积极发展的每个构念进行界定。这些定义确定了每个构念的子元素,并通过确定具体的、相应的测量工具(题项)以使每个子元素得以可操作化。在某些情况下,需要对已有的尚未在青少年群体中检验的工具进行修订,使之更适合这一年龄群体并与每个构念或者子元素的界定保持一致。如果现有的测量题项不足以体现子元素或者构念的界定,那也需要编制新的题项。

同时,我们也会修订测量的题项以使其措辞更加简洁清晰,使问题选项涵盖范围更加广泛和多样化,开发一些不能轻易赞同(Endorse)的题项,并编制适合所有人群的题项(例如女孩和男孩,年龄较小的青少年和年龄较大的青少年)。

1.2.2 认知访谈

为了检验量表题项的效度以及确定题项的措辞问题,我们对全国范围内

12~17岁的青少年及其父母开展了三轮的认知访谈。之所以将父母纳入我们访谈的对象,是因为在许多全国性调查中,通常是由父母来报告他们孩子的特征和行为。我们的认知访谈横跨美国15个城市,对青少年的认知访谈次数总计68次,相应地父母访谈共进行23次。访谈样本分布于不同的种族/民族、不同年龄段的青少年(12~13岁和14~17岁)以及不同收入的群体。

认知访谈采用了各种各样的技术,包括同时性和回顾性的"出声思维报告"、后续调查(Follow-up probes)、释义,以及半结构和开放式的题项。作为认知访谈的一部分,所获得的反馈信息用于解决措辞和语义理解上的问题,并用来进一步修订这些题项和选项类型,为接下来的初步调查做好准备。(认知访谈的详细信息,请参考第二章。)

1.2.3 初步研究

为确保所开发的测量题项能够适用于全国性调查,并具备所要求的心理测量特征,如跨亚组的内部一致性信度和同时效度(Concurrent validity),这些题项将会在一个全国代表性的青少年和父母样本中进行检验。我们与知识网络(Knowledge Neworks)联合开展的基于网络的调查提供了一个包括1951名青少年和2240名父母,或者说1833对亲子(Parent-adolescent dyads)的样本。(初步研究的详细信息,请参考第三章。)

1.2.4 心理测量分析

对初步研究中测验的量表和题项进行心理测量分析。首先,根据缺失值和得分分布情况来确定数据是否存在高度偏态。其次,对预测量表进行验证性因素分析以提取出不同因素,同时检验量表的信度(α)。此外,运用多层次验证性因素分析检验单一的构念是否能挖掘出更高阶的潜在构念。

对最终量表进行临界亚组分析(例如年龄、性别和收入)以检验量表在不同亚组中的适用性。同时,通过考察该量表和一些消极发展指标(比如抑郁和吸烟)之间的相关性,对量表的同时效度进行检验。(心理测量分析结果的详细信息,请参考第三章。)

1.3 基本框架和构念

在这项研究的早期阶段,我们系统地分析了43个产生积极指标的框架体系,并基于这些已有的框架和发展性研究创建了一个新的综合性框架(Lippman et al.,2009)。在我们的文献综述中,我们发现很多框架是根据身体、智力、心理与情感、社会等四个领域对儿童幸福感进行分类的[例如,国家科学院具有里程碑意义的"提升青少年发展的社区项目"制定的框架(Eccles and Gootman,2002)]。而我们的"儿童积极发展计划"则主要集中于其中的两个领域——心理与情感发展、社会性发展。

我们的研究之所以集中在心理与情感发展和社会性发展这两个领域,主要出于如下几个原因。

第一,一些全国性调查已经研究过身体健康(例如,全国儿童健康调查和国民健康访谈)和智力发展(例如,美国国家教育进展评估、教育纵向调查、美国家庭教育普查和早期童年纵向研究)的积极指标。

第二,传统上,心理和情绪发展是通过记录诸如自杀等问题[例如,儿童发展基金会的儿童和青少年健康指数(Land,2006)]而不是优势来进行测量的。而且我们综述国际性的测量工具时发现,鲜有足够简短可以用于全国性调查的心理与情感发展的积极指标测量工具(Lippman et al.,2009)。

第三,社会性发展的测量工具一般都没有针对不同人群进行严格的检验和修订。两项全国性指标研究,美国儿童和国家重点指标倡议(America's Children and the Key National Indicators Initiative),目前尚未涵盖儿童情感与心理和社会幸福感这两个领域。尽管儿童发展基金会(the Foundation for Child Development)早在1975年就已经呼吁进行此类测量工具的开发(Zill and Brim,1975),以便能够全面地测量儿童的幸福感并进行追踪研究。

青少年积极发展指标领域一个关键议题是为青少年及其环境开发科学的测量工具。许多已有的框架体系都在幸福感的个体层面及其相关社会环境之间保持一种平衡。例如,美国探索研究所(Search Institute)构建的框架包括40种发展性资源(Developmental assets)——其中20种资源是有关儿童(内部)的,20种是关于儿童的社会环境(外部)的(Benson et al.,1998;Search Institute,2008)。强调青少年发展的生态环境(如家庭、学校和社区,以及个体与这些社会环境间的相互作用)的重要性是发展科学的一项基本原则(Bronfenbrenner and Morris,1998)。开发青少年积极指标时,非常重要的是把对幸福感环境的测量从个体成长的测量中区分出来。否则,将会导致青少年幸福感的环境影响(Contextual inputs)和幸福感本身彼此相混淆,还会给那些寻求制定有效干预措施和政策的工作人员,或者在特定环境水平监测进展情况的工作人员带来诸多误解(Moore et al.,2013)。另外,社会环境指标和个体指标之间仅仅弱相关,意味着这两类指标应该分开进行调查(Moore et al. 2008)。

青少年积极发展指标领域的另一关键议题是人际关系。人际关系在指标系统的界定时一直都比较模糊,有时被认定为个体的一个特征,有时又被看成是社会环境的一个变量。虽然积极的人际关系和积极的发展结果之间密切相关(Hair et al.,2005;Scales,2003),但这不仅仅是环境影响的结果,还因为青少年自身也会影响到人际关系的质量。大量青少年幸福感的质性研究表明,人际关系被认为是青少年生活中最重要的领域。青少年在访谈中也报告说,当他们的人际关系得以维护发展时,他们自身也会有所发展(Fattore et al.,2009;Hanafin and Brooks,2005;Matthews et al.,2006)。基于这些发现,我们研究团队将人际关系看作一个单独的指标范畴,即不同于个体指标,也不同于社会环境指标。虽然许多调查已经很好地测量了同伴关系和照顾成人的数量,以及他们相处的时间,但这些人际关系的质量并没有很好地进行测量,尤其是在不同人群中。将人际关系作为一个单独的指标范畴,不但为其他已有的指标框架增加了价值,而且对个体与社会环境相互作用质量在指标发展中的核心价值予以认可。

因此,考虑到以上论点,我们提出了一个概念框架来生成青少年积极发展的指标(表1.1)。框架包含三个主要层面:个体、人际关系和社会环境。其中个体层面涵盖如下亚领域(比许多其他概念框架下的概念更加具体):身体健康、发展和安全;认知发展和教育;心理/情感发展;社会性发展和行为;精神发展和宗教信仰。

表1.1 积极指标框架

发展与生态领域		
个体	人际关系	社会环境
身体健康、发展和安全	家庭	家庭
认知发展和教育	同伴	同伴
心理/情感发展	学校	学校
社会性发展和行为	社区	社区
精神性发展和宗教信仰	宏观系统	宏观系统

该框架是为联合国儿童基金会下设的 Innocenti Research Centre 生成积极指标而提出的(Lippman et al.,2009),并根据最近的研究进行修订,将精神性作为一个独立的领域(Lippman et al.,2011)。

我们想要开发量表中的构念来源于:(a)我们对现有测量工具缺陷的认识。(b)我们此前的研究工作。研究人员已在小规模调查中确定并检验了这些青少年积极发展的测量工具,但仍需要在不同国家样本中进一步修订并且检验信度指标(Moore and Lippman,2005)。(c)可能最重要的是不同青少年在访谈中所提出的对发展至关重要的这些构念(Matthews et al.,2006)。我们并没有为社会环境层面的构念编制量表,因为整体而言现有测量工具已经能够进行很好的测量。

我们用来开发量表的19个构念被进一步划分到青少年积极发展的特定领域中,见表1.2和表1.3,这些构念都被放在了基本框架下合适的领域或者亚领域中。

表1.2 发展领域的构念

发展领域	构念
人际关系能力	共情(Empathy)
	社会能力(Social competence)
人际关系发展	亲子关系(Parent-adolescent relationship)
	同伴友谊(Peer friendship)
学校和工作发展	勤勉尽责(Diligence and reliability)
	教育投入(Educational engagement)
	积极主动(Initiative taking)
	节俭(Thrift)
	诚信正直(Trustworthiness and integrity)
助人成长	利他行为(Altruism)
	慷慨/帮助家人朋友(Generosity/helping family and friends)
环境管理	环境管理(Environmental stewardship)
个人成长	宽恕(Forgiveness)
	目标定向(Goal orientation)
	感恩(Gratitude)
	希望(Hope)
	生活满意度(Life satisfaction)
	目的感(Purpose)
	精神性(Spirituality)

表1.3 "儿童积极发展计划"构念中的积极指标框架

	发展和生态领域	
个体	人际关系	社会环境
身体健康、发展和安全	**家庭**	**家庭**
	亲子关系	
认知发展和教育	**朋辈同伴**	**朋辈同伴**
教育投入	朋辈友谊	
积极主动		
心理/情感发展	**学校**	**学校**
生活满意度		
目标定向	教育投入	
目的感		
感恩		
希望		
勤勉尽责		
节俭		
社会发展和行为	**社区**	**社区**
诚信正直	利他行为	
宽恕	环境管理	
利他行为		
社会能力		
共情		
慷慨/帮助家人和朋友		
精神性发展和宗教信仰	**宏观系统**	**宏观系统**
精神性	环境管理	
目的感		

每个发展和生态领域的构念在以下相应领域都有阐述。请注意,儿童发展计划中

有些指标的构念在表格中提到过两次,是因为这些构念不仅仅与一个青少年发展领域相关。空白单元格是指这些构念虽然对积极指标的发展很重要,但这些构念已经能够很好地被测量或者超出了该计划的研究范围。

1.4 构念

编制开发量表时,我们首要回顾每个构念的相关研究和已有的测量工具。然后根据已有文献中所达成的共识对每个构念进行含义界定,接着确定每个构念的子元素以便指导量表题项的编制。通过这种方式,我们确保为每个子元素编制题项并进行检验,以获取每个量表构念的全部范畴。

1.4.1 人际关系能力

1.4.1.1 共情

在前人文献的基础上,我们针对共情提出了共识性定义,共情是感知和理解他人感受的情感和认知能力。

青少年的共情能力与成年后良好人际关系的发展密切相关(Barber, 2005)。此外,共情与青少年解决当前冲突时的积极方法有关,也和当前及今后的亲社会行为有关(Bandura et al., 2003; Wentzel et al., 2007)。另外,共情和攻击、当前冲突管理中的积极方法,以及当前及今后的抑郁、违法行为呈负相关(Bandura et al., 2003; De Kemp et al., 2007; Wentzel et al., 2007)。

1.4.1.2 社会能力

社会能力是指一系列与他人和睦相处,在团体中发挥建设性作用的积极技能,包括尊重与赞赏他人;与他人一起工作,发表看法与倾听,在不同的团体中工作和合作的能力;呈现与情境相适应的行为,根据社会规范行事的能力;以及解决冲突的一系列技能或方法。

研究发现,具有较高社会能力的青少年拥有更高水平的学业成就、更高的受教育程度,更多参与体育活动、课外活动与社区服务,与父母保持更亲密的关系且父母更了解孩子的交友情况(Blumberg et al., 2008; Stepp et al., 2011)。青少年的社会能力是成年早期的吸烟行为(Beyers et al. 2004)和犯罪行为(Stepp et al., 2011)的保护性因素。此外,职场准备、大学准备和青年发展相关文献都一致认为,社会能力是青少年成功过渡到大学、工作和成年期所必需的关键能力之一(Lippman et al., 2008; Rychen and Salganik, 2003)。

1.4.2 人际关系发展

1.4.2.1 亲子关系

亲子关系是指父母和子女之间态度和互动的质量和类型,包括父母身份认同、父母子女间的情感联结、积极互动、建设性沟通。

研究表明,与父母有较好的积极关系的青少年更可能体验大量积极发展结果,包括学习能力、优秀成绩和生活满意度。他们也更不大可能去参与危险性活动,比如暴力、自杀、吸烟、酗酒、吸食大麻、危险性行为、行为问题、犯罪、攻击或者辍学等(Blum and Rinehart 1997; De Kemp et al. 2007; Hair et al. 2005; Li et al. 2010; Oberle et al. 2010; Pearce et al. 2003; Resnick et al. 1997)。

1.4.2.2 同伴友谊

同伴友谊是指同伴间具有这些共同经验:支持和鼓励、情感(关心、认可)、陪伴、忠诚/相互支持、信任。

虽然积极的同伴友谊是儿童和青少年发展的一个关键部分,但令人难以理解的是鲜有测量工具可以评估这些人际关系的质量。然而,的确有研究发现,拥有良好同伴友谊的青少年更可能获得高水平的学业成就和生活满意度,并且不太可能出现吸毒、酗酒、外化问题或自我贬低(Dekovic 1999;

Oberle et al. 2010；Oman et al. 2004；Roeser et al. 2008；Wentzel and Caldwell 1997）。

1.4.3 学校和工作发展

1.4.3.1 勤勉尽责

勤勉尽责是指个体遵守承诺和责任，能够自始至终、全心全意地投入到任务的完成过程。

勤奋经常和勤劳、毅力、坚忍、自律、严谨和刻苦这些术语结合。虽然有时候会将这些术语等同于勤勉尽责，但更多是看作尽责性的子元素。Klimstra，（2010）发现勤勉尽责的荷兰青少年不太可能表现出抑郁或攻击行为。

1.4.3.2 教育投入

教育投入包括三个领域：行为投入、情感投入和认知投入。行为投入是指参加学校相关活动，参加学业和学习任务（例如课前准备），表现出积极行为，而没有出现破坏性行为。情感投入包括关心在校的良好表现，对学习充满活力，以及将学生身份认同置于最重要地位。认知投入包括对学习充满好奇，对学习投入时间和精力，并愿意超越学习的基本要求去掌握复杂的技能（Fredricks et al.，2005；Furlong et al.，2003）。

教育投入对危险行为具有保护性作用，比如男孩辍学（Connell et al.，1995）、首次性行为、抑郁和危险行为（Li et al. 2008）。它可以预测更高的学业成就（Catsambis and Beveridge，2001；Davis and Jordan，1994；Keith et al.，1993；Lau and Roeser，2002；Thomson，2010；Wentzel，1998）、更高的成绩和学业能力（Cook et al.，2005；Lau and Roeser，2002；Li et al.，2008，2010），同时对当前学业成功、未来教育和乐观态度具有更高的期望（Goodenow，1993；Regnerus，2000；Thomson，2010）。

1.4.3.3 主动性

主动性是指朝着某一特定目标采取和开展行动的实践,同时具有以下特征:(a)合理地承担风险与对新经验持开放态度(openness to new experiences);(b)渴望成功;(c)创新性;(d)领导意愿(Knight,1921;McClelland,1961;Zhao and Seibert,2006)。

回顾文献后发现还未有测量主动性可用的工具,而且有关青少年积极主动的研究也寥寥无几。然而,主动性与成年期的创业精神紧密相关,对职场领域的成功至关重要(Lippman et al.,2008)。有研究显示,雇主认为创业技能是学生进入职场最关键的要素之一(The Conference Board et al.,2006)。

1.4.3.4 节俭

节俭是指个体有效利用时间和金钱,并为达成短期的或长期目标而自我克制的能力和倾向。

研究表明,节俭与较高的环境保护和自尊水平的提高有关,而与吸烟行为呈负相关(Kasser,2005)。

1.4.3.5 诚信正直

诚信正直是指一个人是否真实可靠,是否能一直遵守承诺。这一定义也指一个人是否行事正直,包括从事道德行为,尊重他人隐私和财产,以及即使面临困境仍能坚持个人原则。

研究发现,诚实/可信与自尊和生活满意度呈正相关(Dew and Huebner,1994;Huebner et al.,1999)。

1.4.4 助人成长

1.4.4.1 利他行为

利他行为是指个体在内心和行动中对他人的幸福表现出无私关怀。对青少年而言,利他行为并没有被很好地界定和测量,尽管利他行为和慷慨在概念上明显不同,但有时它在界定和测量上与慷慨相似。

对于成年人而言,利他行为与个体的一些品质密切相关,比如共情、体贴、关怀,以及具体的关爱行为、填写器官捐献卡和紧急情况反应等(Peterson and Seligman,2004;Piliavin and Charng,1990)。

1.4.4.2 慷慨/帮助家人和朋友

慷慨是指自愿给予他人时间、关注和物质,并具有以下特征:(a)对该行为持有中立或积极的感受;(b)不附加条件或期待回馈;(c)内部动机驱使。

慷慨与环境保护、幸福、自尊,以及较低的酗酒、打架以及校内惹是生非等行为具有密切的关联(Kasser,2005)。

1.4.5 坏境管理

1.4.5.1 环境管理

环境管理是指在了解情况、承担或意识到个人责任并且采取行动来关心或改善地球环境的实践行动。

查阅测量工具时,除了在"监测未来"调查中找到一个题项外,并未找到现成的环境管理测量工具。

1.4.6 个人成长

1.4.6.1 宽恕

宽恕是指个体在感知到被他人伤害时,能够克服负面情绪的能力。宽恕能力可以适用于宽恕自我和他人。

尽管缺乏对青少年宽恕的研究,但研究已经发现成年人的宽恕与幸福感有着很强的联系。针对成年人的研究表明,那些宽恕者体验到更低的压力和焦虑,他们对生活的满意度更高,而且他们的身体状况也更健康(Egan and Todorov,2009)。

1.4.6.2 目标定向

目标定向是指青少年朝着理想目标而制定可行计划并采取行动的动机和能力。与目标定向水平较低的同龄人相比,目标定向清晰的青少年倾向于有更多的认知投入和行动(Roeser et al.,2002)。与目标定向类似的一个构念是青少年的计划能力(Planful competence),它与婚姻稳定、受教育程度、生活满意度和事业成功有密切的关联(Shanahan,2000)。

1.4.6.3 感恩

感恩是指个体通过认识到生活中美好的事物、体验感恩之情并表达感谢之意,以此对生活中美好的事物怀有感激之情。

总体而言,研究表明感恩能塑造身份认同,可以预测主观幸福感和积极的情绪与行为,并且与精神性密切相关。具体而言,感恩与更高水平的学业成就、生活满意度、社会融合、亲社会行为以及心流(flow)有着密切联系,同时也能够降低抑郁和嫉妒水平(Froh et al. 2010,2011)。

1.4.6.4 希望

希望是指相信未来是美好的一种普遍而广泛的期待。

对希望进行科学评估证实,希望与很多积极的结果有显著相关,比如物质使用拒斥(substance use avoidance,特别是酒精、香烟、大麻)、较低的抑郁水平、青少年积极发展(由"5C"来界定:能力、信心、联结、性格和关怀),以及社会贡献(领导力、服务和助人)(Caldwell et al.,2006;Carvajal et al.,1998;Schmid et al.,2011)。

1.4.6.5 生活满意度

生活满意度是指儿童对他们生活满意的程度以及他们的生活处在正确

轨道上的自我感知（Keyes，2006）。

自我报告的生活满意度，作为积极幸福感的一个关键指标，与心理和情绪健康有着密切关系，且是不良事件的保护性因素。具体而言，有研究发现，青少年的生活满意度与较高水平的自尊、较低水平的内化和外化行为、抑郁、焦虑、自卑感以及感觉寻求有密切关系（Huebner et al. 2000；Suldo and Huebner 2004）。

1.4.6.6 目的感

目的感的界定通常包含三个部分。第一，目的感具有导向性，它能激发个体的目标，管理自己的行为并提供一种意义感。第二，目的感是指一种广泛性而持续性的动机，能促使个人去完成一些对自己有意义的事，以及往往也会超越个体而对世界产生影响。第三，目的感通过指引个人有限注意力和精力的使用以驱动个体人生目标和日常决策的实现（Damon，2008；Damon et al.，2003；McKnight and Kashdan，2009）。

虽然青少年的目的感与青少年积极发展方面的关系尚未进行严格地评估，但已有研究表明成年人的目的感与幸福感之间具有密切联系（Damon 2008）。

1.4.6.7 精神性

精神性是指对万物一体的意识或觉醒的寻求或体验；体会或意识到自己、他人和宇宙的神圣性（可能被理解为包括神），以及从这种意识中形成认同感、人际联结、意义和目的感（Benson et al.，2012）。

精神意识是对丰富多样性的体验，可能包括以下经验和观点：(a)对个体或灵魂的神圣内在源泉的意识；(b)超越意识（连接超越自我的生命统一体，可以包括对敬畏、大自然的体验，以及对连接所有生命的生命力的意识）；(c)对精神世界中的创造者、神性或者超越自我肉身的灵性存在（比如提供庇护和福祉的祖宗神灵或天使）的意识。精神意识包括寻求联结自己、联结他人以及对超越的个人理解（通常包括对上帝的理解），并且寻求过一种融合了神圣意识的生活（Benson et al.，2012）。

调查青少年的精神性与发展结果之间的联系时，很少有研究将精神性从宗教性中区分出来。然而，现在研究者达成一致共识，认为精神性和宗教性实际上是两个独立的构念，并且认为一些青少年是具有精神性的而不是宗教性，或者两者都具有，或者只具有宗教性，或者两者都不具备（Benson et al.，2005；Fuller，2001；Lippman and Keith，2006；Zinnbauer et al.，1997）。虽然有大量关于宗教性和青少年积极结果间关系的文献，但是将精神性和青少年积极发展结果相联系起来的定量研究却很少（Lippman et al.，2013）。然而，有证据表明，精神性对于吸毒具有保护性作用。事实上，有研究发现，精神性是比普遍测量的宗教性更为强有力的保护性因素（Hodge et al.，2001）。

总之，从本质和方法学角度以及从业者和政策角度来看，对青少年积极发展严谨指标的需求是明显的。我们回顾了青少年发展指标的框架，以及积极或保护性因素与青少年的积极结果之间关系的相关文献，并且回顾了目前在大规模或小规模研究中使用过的现有的积极发展测量工具，这些都为我们量表开发中所选择的构念提供了丰富的参考资料。我们团队根据已有文献获取了青少年积极发展每个方面的共识性定义，这些定义必然会推动"儿童积极发展计划"后续阶段每个构念的题项编制。

参考文献

Bandura, A., Caprara, G. V., Barbaranelli, C., Gerbino, M., & Pastorelli, C. (2003). Role of affective self-regulatory efficacy in diverse spheres of psychosocial functioning. *Child Development*, 74, 769–782.

Barber, B. K. (2005). Positive interpersonal and intrapersonal functioning: An assessment of measures among adolescents. In K. A. Moore & L. H. Lippman (Eds.), *What do children need to flourish? Conceptualizing and measuring indicators of positive development* (pp. 147 – 162). New York, NY: Springer Science + Business Media.

Ben-Arieh, A. (2008). The child indicators movement: Past, present, and future. *Child Indicators Research*, 1, 3 – 16.

Benson, P. L., Leffert, N., Scales, P. C., & Blyth, D. A. (1998). *40 developmental assets*. Minneapolis, MN: Search Institute.

Benson, P. L., Scales, P. C., Sesma, A., & Roehlkepartain, E. C. (2005). *Adolescent spirituality*. In K. A. Moore & L. H. Lippman (Eds.), *What do children need to flourish? Conceptualizing and measuring indicators of positive development* (pp. 25 – 40). New York, NY: Springer Science + Business Media.

Benson, P. L., Scales, P. C., Syvertsen, A. K., & Roehlkepartain, E. C. (2012). Is spiritual development a universal process in the lives of youth? An international exploration. *Journal of Positive Psychology*, 7(6), 453 – 470.

Beyers, J. M., Toumbourou, J. W., Catalano, R. F., Arthur, M. W., & Hawkins, J. D. (2004). A cross-national comparison of risk and protective factors for adolescent substance use: The United States and Australia. *Journal of Adolescent Health*, 35, 3 – 16.

Blum, R. W., & Rinehart, P. M. (1997). *Reducing the risk: Connections that make a difference in the lives of youth*. Minneapolis: Minnesota University, Division of General Pediatrics and Adolescent Health.

Blumberg, S. J., Carle, A. C., O'Connor, K. S., Moore, K. A., & Lippman, L. H. (2008). Social competence: Development of an indicator for children and adolescents. *Child Indicators Research*, 1, 176 – 197.

Bornstein, M. H., Davidson, L., Keyes, C. L. M., & Moore, K. A. (Eds.).

(2002). *Well-being: Positive development across the life course.* Mahwah, NJ: Erlbaum.

Bradshaw, J., Hoelscher, P., & Richardson, D.(2007). An index of child well-being in the European Union 25. *Journal of Social Indicators Research*, 80, 133–177.

Bronfenbrenner, U., & Morris, P.(1998). The ecology of developmental processes. In W. Damon & R. M. Lerner(Eds.), *Handbook of child psychology* (Vol. 1, pp. 993–1028). Hoboken, NJ: Wiley.

Caldwell, R. M., Wiebe, R. P., & Cleveland, H. H.(2006). The influence of future certainty and contextual factors on delinquent behavior and school adjustment among African American adolescents. *Journal of Youth and Adolescence*, 35, 591–602.

Carvajal, S. C., Clair, S. D., Nash, S. G., & Evans, R. I.(1998). Relating optimism, hope, and self-esteem to social influences in deterring substance use in adolescents. *Journal of Social and Clinical Psychology*, 17, 443–465.

Catalano, R. F., Berglund, M. L., Ryan, J. A. M., Lonczak, H. S., & Hawkins, J. D.(2004). Positive youth development in the United States: Research findings on evaluations of positive youth development programs. *The Annals of the American Academy of Political and Social Science*, 591, 98–124.

Catsambis, S., & Beveridge, A.(2001). Does neighborhood matter? Family, neighborhood, and school influences on eighth-grade mathematics achievement. *Sociological Focus*, 34, 435–457.

Child Trends.(2003). *Indicators of positive development conference summary.* Washington, DC: Child Trends.

Connell, J. P., Halpern-Felsher, B. L., Clifford, E., Crichlow, W., & Usinger, P.(1995). Hanging in there: Behavioral, psychological, and contextual factors affecting whether African American adolescents stay in high school. *Journal of Adolescent Research*, 10, 41–63.

Cook, T. D., Herman, M. R., Phillips, M., & Settersten, R. A, Jr. (2005). Some ways in which neighborhoods, nuclear families, friendship groups, and schools jointly affect changes in early adolescent development. *Child Development*, 73, 1283–1309.

Damon, W. (2008). *The path to purpose.* New York, NY: Free Press.

Damon, W., Menon, J., & Bronk, K. C. (2003). The development of purpose during adolescence. *Applied Developmental Science*, 7, 119–128.

Davis, J. E., & Jordan, W. T. (1994). The effects of school context, structure, and experiences on African American males in middle and high school. *Journal of Negro Education*, 63, 570–587.

Day, R. (2010). Unpublished paper on positive indicators prepared for Flourishing Family Study.

De Kemp, R. A. T., Overbeek, G., De Wied, M., Engles, R. C. M. E., & Scholte, R. H. J. (2007). Early adolescent empathy, parental support, and antisocial behavior. *The Journal of Genetic Psychology*, 168, 5–18.

Dekovic, M. (1999). Risk and protective factors in the development of problem behavior during adolescence. *Journal of Youth and Adolescence*, 28, 667–685.

Dew, T., & Huebner, E. S. (1994). Adolescents' perceived quality of life: An exploratory investigation. *Journal of School Psychology*, 32, 185–199.

Eccles, J., & Gootman, J. A. (Eds.). (2002). *Community programs to promote youth development.* Washington, DC: National Academy Press.

Egan, L. A., & Todorov, N. (2009). Forgiveness as a coping strategy to allow school students to deal with the effects of being bullied: Theoretical and empirical discussion. *Journal of Social and Clinical Psychology*, 28, 198–222.

Fattore, T., Mason, J., & Watson, E. (2009). When children are asked about their well-being: Towards a framework for guiding policy. *Child Indicators Research*, 2, 57–77.

Fredricks, J. A., Blumenfeld, P. C., Friedel, J., & Paris, A. H. (2005). School engagement. In K. A. Moore & L. H. Lippman (Eds.), *What do children need to flourish? Conceptualizing and measuring indicators of positive development* (pp. 305–321). New York, NY: Springer Science + Business Media.

Froh, J. J., Bono, G., & Emmons, R. (2010). Being grateful is beyond good manners: Gratitude and motivation to contribute to society among early adolescents. *Motivation and Emotion*, 34, 144–157.

Froh, J. F., Emmons, R. A., Card, N. A., Bono, G., & Wilson, J. A. (2011). Gratitude and the reduced costs of materialism in adolescents. *Journal of Happiness Studies*, 12, 289–302.

Fuller, R. C. (2001). *Spiritual but not religious: Understanding unchurched America*. New York, NY: Oxford University Press.

Furlong, M. J., Whipple, A. D., St. Jean, G., Simental, J., Soliz, A., & Punthuna, S. (2003). Multiple contexts of school engagement: Moving toward a unifying framework for educational research and practice. *The California School Psychologist*, 8, 99–114.

Goodenow, C. (1993). The psychological sense of school membership among adolescents: Scale development and educational correlates. *Psychology in the Schools*, 30, 79–90.

Guzman, L., Lippman, L., Moore, K. A., & O'Hare, W. (2003). *How children are doing: The mismatch between public perception and statistical reality*. Washington, DC: Child Trends.

Hair, E. C., Moore, K. A., Garrett, S. B., Kinukawa, A., Lippman, L. H., &

Michelson, E. (2005). The parent-adolescent relationship scale. In K. A. Moore & L. H. Lippman(Eds.), *What do children need to flourish? Conceptualizing and measuring indicators of positive development*(pp. 183 – 202). New York, NY: Springer Science + Business Media.

Hanafin, S. A., & Brooks, A.-M.(2005). *Report on the development of a national set of child well-being indicators in Ireland.* Dublin: National Children's Office.

Hodge, D. R., Cardenas, P., & Montoya, H.(2001). Substance use: Spirituality and religious participation as protective factors among rural youth. *Social Work Research*, 25, 153 – 161.

Huebner, E. S., Gilman, R., & Laughlin, J. E.(1999). A multimethod investigation of the multidimensionality of children's well-being reports: Discriminant validity of life satisfaction and self-esteem. *Social Indicators Research*, 46, 1 – 22.

Huebner, E. S., Funk, B. A., & Gilman, R.(2000). Cross-sectional and longitudinal psychosocial correlates of adolescent life satisfaction reports. *Canadian Journal of School Psychology*, 16(1), 53 – 64.

Huston, A. C., & Ripke, M. N.(2006). Middle childhood: Contexts of development. In A. C. Huston & M. N. Ripke (Eds.), *Developmental contexts in middle childhood: Bridges to adolescence and adulthood*(pp. 1 – 22). New York, NY: Cambridge University Press.

Kasser, T.(2005). Frugality, generosity, and materialism in children and adolescents. In K. A. Moore & L. H. Lippman(Eds.), *What do children need to flourish? Conceptualizing and measuring indicators of positive development*(pp. 357 – 373). New York, NY: Springer Science + Business Media.

Keith, Z. T., Keith, P. B., Troutman, G. C., Bickley, P. G., Trivette, P. S., &

Singh, K. (1993). Does parental involvement affect eighth-grade student achievement? Structural analysis of national data. *School Psychology Review*, 22, 474–496.

Keyes, C. L. M. (2006). The subjective well-being of America's youth: Toward a comprehensive assessment. *Adolescent & Family Health*, 4, 3–11.

Klimstra, T. A., Akse, J., Hale, W. W., Raaijmakers, Q. A. Q., & Meeus, W. H. J. (2010). Longitudinal associations between personality traits and problem behavior symptoms in adolescence. *Journal of Research in Personality*, 44, 273–284.

Knight, F. A. (1921). *Risk, uncertainty, and profit*. Cambridge, MA: Houghton Mifflin, Riverside Press.

Land, K. C. (2006). *The Foundation for Child Development Child and Youth Well-Being Index (CWI), 1975–2004, with projections for 2005: A composite index of trends in the well-being of America's children and youth*. Washington, DC: Brookings Institution.

Lau, S., & Roeser, R. W. (2002). Cognitive abilities and motivational processes in high school students' situational engagement and achievement in science. *Educational Assessment*, 8, 139–162.

Lerner, R. M. (2009). The positive youth development perspective: Theoretical and empirical bases of a strengths-based approach to adolescent development. In C. R. Snyder & S. J. Lopez (Eds.), *Oxford handbook of positive psychology* (2nd ed.). Oxford, UK: Oxford University Press.

Lerner, R. M., Almerigi, J. B., Theokas, C., & Lerner, J. V. (2005). Positive youth development: A view of the issues. *Journal of Early Adolescence*, 25, 10–16.

Li, Y., Bebiroglu, N., Phelps, E., Lerner, R. M., & Lerner, J. V. (2008). Out-of-school time activity participation, school engagement and positive youth development: Findings from the 4-H Study of Positive Youth Development. *Journal of Youth Development*, 3(3). Retrieved from http://nae4a.memberclicks.net/assets/documents/JYD_09080303_final.pdf.

Li, Y., Lerner, J. V., & Lerner, R. M.(2010). Personal and ecological assets and academic competence in early adolescence: The mediating role of school engagement. *Journal of Yout and Adolescence*, 39, 801-815.

Lippman, L., & Keith, J.(2006). The demographics of spirituality among youth: International perspectives. In E. C. Roehlkepartain, P. E. King, L. Wagener, & P. L. Benson(Eds.), *Handbook of spiritual development in childhood and adolescence*(pp. 109-123). Thousand Oaks, CA: Sage.

Lippman, L. H., Atienza, A., Rivers, A., & Keith, J.(2008). *A developmental perspective on college and workplace readiness*. Washington, DC: Child Trends.

Lippman, L. H., Moore, K. A., & McIntosh, H.(2009). *Positive indicators of child well-being: A conceptual framework, measures and methodological issues*. Florence: UNICEF Innocenti Research Centre.

Lippman, L. H., Moore, K. A., & McIntosh, H.(2011). Positive indicators of child well-being: A conceptual framework, measures, and methodological issues. *Applied Research in Quality of Life*, 6, 425-449.

Lippman, L. H., Ryberg, R., Terzian, M., Moore, K. A., Humble, J., & McIntosh, H.(2013). Positive and protective factors in adolescent well-being. In A. Ben-Arieh, I. Frones, F. Casas, & J. Korbin(Eds.), *Handbook of child well-being*. DOI: 10.1007/978-90-481-9063-8_141

Matthews, G., Lippman, L., Guzman, L., & Hamilton, J.(2006). *Report on cognitive interviews for developing positive youth indicators*. Washington, DC: Child Trends.

McClelland, D. C.(1961). *The achieving society*. Princeton, NJ: Van Nostrand.

McKnight, P. E., & Kashdan, T. B.(2009). Purpose in life as a system that creates and sustains health and well-being: An integrative, testable theory. *Review of General Psychology*, 13, 242–251.

Moore, K. A.(1997). Criteria for indicators of child well-being. In R. Hauser, B. Brown, & W. Prosser(Eds.), *Indicators of children's well-being*. New York, NY: Russell Sage Foundation.

Moore, K. A., & Halle, T. G.(2001). Children at the millennium: Where have we come from, where are we going? *Advances in Life Course Research*, 6, 141–170.

Moore, K. A., & Lippman, L. H.(Eds.).(2005). *What do children need to flourish? Conceptualizing and measuring indicators of positive development*. New York, NY: Springer Science + Business Media.

Moore, K. A., Theokas, C., Lippman, L., Bloch, M., Vandivere, S., & O'Hare, W.(2008). A microdata child well-being index: Conceptualization, creation, and findings. *Child Indicators Research*, 1, 17–50.

Moore, K. A., Murphey, D., Bandy, T., & Lawner, E.(2013). Indices of child well-being and developmental contexts. In A. C. Michalos(Ed.), *Encyclopedia of quality of life research*. Dordrecht: Springer Science + Business Media.

Oberle, E., Schonert-Reichl, A., & Zumbo, B. D.(2010). Life satisfaction in early adolescence: Personal, neighborhood, school, family, and peer influences. *Journal of Youth and Adolescence*, 40, 889–901.

Oman, R. F., Vesely, S., Aspy, C. B., McLeroy, K., Rodine, S., & Marshall, L.(2004). The potential protective effect of youth assets on adolescent alcohol and drug use. *American Journal of Public Health*, 94, 1425–1430.

Pearce, M. J., Jones, S. J., Schwab-Stone, M. E., & Ruchkin, V.(2003). The protective effects of religiousness and parent involvement on the development of conduct problems among youth exposed to violence. *Child Development*, *74*, 1682–1696.

Peterson, C., & Seligman, M. E. P. (2004). *Character strengths and virtues: A handbook and classification.* New York, NY/Washington, DC: Oxford University Press/American Psychological Association.

Piliavin, J. A., & Charng, H.-W. (1990). Altruism: A review of recent theory and research. *Annual Review of Sociology*, *16*, 27–65.

Public Agenda. (1997). *Kids these days: What Americans really think about the next generation.* New York, NY: Public Agenda.

Regnerus, M. D. (2000). Shaping schooling success: Religious socialization and educational outcomes in metropolitan public schools. *Journal for the Scientific Study of Religion*, *39*, 363–370.

Resnick, M. D., Bearman, P. S., Blum, R. W., Bauman, K. E., Harris, K. M., Jones, J., et al. (1997). Protecting adolescents from harm. Findings from the National Longitudinal Study of Adolescent Health. *Journal of the American Medical Association*, *278*, 823–832.

Roeser, R. W., Strobel, K. R., & Quihuis, G. (2002). Studying early adolescents' academic motivation, social-emotional functioning, and engagement in learning: Variable- and personcentered approaches. *Anxiety, Stress and Coping*, *15*, 345–368.

Roeser, R. W., Galloway, M., Casey-Cannon, S., Watson, C., Keller, L., & Tan, E. (2008). Identity representations in patterns of school achievement and well-being among early adolescent girls: Variable- and person-centered approaches. *Journal of Early Adolescence*, *28*, 115–152.

Rychen, D. S., & Salganik, L. H. (Eds.). (2003). *Key competencies for a successful* life and a well-functioning society. Göttingen: Hogrefe & Huber.

Scales, P. C. (2003). Other people's kids: Social expectations and American adults' involvement with children and adolescents. New York, NY: Springer.

Schmid, K. L., Phelps, E., Kiely, M. K., Napolitano, C. M., Boyd, M. J., & Lerner, R. M. (2011). The role of adolescents' hopeful futures in predicting positive and negative developmental trajectories: Findings from the 4-H Study of Positive Youth Development. *The Journal of Positive Psychology*, 6, 45–56.

Search Institute. (2008). *Discovering what kids need to succeed: 40 developmental assets lists*. Retrieved from http://www.search-institute.org/developmental-assets/lists

Shanahan, M. J. (2000). Pathways to adulthood in changing societies: Variability and mechanisms in life course perspective. *Annual Review of Sociology*, 26, 667–692.

Shonkoff, J., & Phillips, D. E. (2000). *From neurons to neighborhoods: The science of early childhood development*. Washington, DC: National Academy Press.

Steinberg, L. (2005). *Adolescence* (7th ed.). Boston, MA: McGraw-Hill.

Stepp, S. D., Pardini, D. A., Loeber, R., & Morris, N. A. (2011). The relation between adolescent social competence and young adult delinquency and educational attainment among at-risk youth: The mediating role of peer delinquency. *Canadian Journal of Psychiatry*, 56, 457–465.

Suldo, S. M., & Huebner, E. S. (2004). Does life satisfaction moderate the effects of stressful life events on psychopathological behavior in adolescence? *School Psychology Quarterly*, 19, 93–105.

The Conference Board, Corporate Voices for Working Families, The Partnership for 21st Century Skills, & The Society for Human Resources Management.

(2006). *Are they really ready to work? Employers' perspectives on the basic knowledge and applied skills of new entrants to the 21st century U.S. workforce*. Retrieved from http://www.p21.org/storage/documents/ FINAL_REPORT_ PDF09-29-06.pdf

Thomson, K.(2010). *Promoting positive development in middle childhood: The influence of child characteristics, parents, schools, and neighbourhoods* (Unpublished master's thesis). University of British Columbia, Vancouver, Canada. Retrieved from https://circle.ubc.ca/handle/2429/26367

Valladares, S., & Moore, K. A.(2009). *The strengths of poor families*. Washington, DC: Child Trends.

Wentzel, K. R.(1998). Social relationships and motivation in middle school: The role of parents, teachers, and peers. *Journal of Educational Psychology*, 90, 202–209.

Wentzel, K. R., & Caldwell, K.(1997). Friendships, peer acceptance, and group membership: Relations to academic achievement in middle school. *Child Development*, 68, 1198–1209.

Wentzel, K. R., Filisetti, L., & Looney, L.(2007). Adolescent prosocial behavior: The role of self-processes and contextual cues. *Child Development*, 78, 895–910.

Zhao, H., & Seibert, S. E.(2006). The big five personality dimensions and entrepreneurial status: A meta-analytical review. *Journal of Applied Psychology*, 91, 259–271.

Zill, N., & Brim, O. G.(1975, Fall). Childhood social indicators, *Newsletter*. Society for Research in Child Development.

Zinnbauer, B. J., Pargament, K. I., Cole, B., Rye, M. S., Butter, E. M., Belavich, T. G., et al.(1997). Religion and spirituality: Unfuzzying the fuzzy. *Journal for the Scientific Study of Religion*, 36, 549–564.

第 2 章
认知访谈:青少年调查问卷题项的设计

2.1 简介

在很多情况下,调查题项都是在没有经过仔细测试的情况下进行的。在"儿童积极发展计划"的这个阶段,我们进行了三轮认知测试,以评估受访者是否清楚地理解这些调查题项,以及他们对这些问题的理解是否与上述界定相一致。本章讨论的是认知访谈研究的过程和影响。

2.1.1 认知访谈的基本原理

全国调查已经认识到直接从青少年角度收集青少年数据的重要性。为此,非常有必要将青少年列为大规模调查的被试(Scott, 1997)。青年危险行为调查(The Youth Risk Behavior Survey)、全国青年纵向调查(National Longitudinal Survey of Youth)、监测未来(Monitoring the Future)和全国青少年健康纵向研究(National Longitudinal Study of Adolescent Health)都是直接从青少年采集调查数据的。尽管大家对直接从青少年收集数据感兴趣并且都明白这样做的重要性，但是很少有人知道如何才能做到最好。旨在提升问卷信效度的大多数有关调查问卷题项开发的研究都是以成年人为对象进行的。鉴于发展性差异，目前尚不清楚这些研究在何种程度上可以应用到青少年群体中。

研究人员还使用父母报告他们孩子情况的方法采集数据。诸如全国儿童健康调查(The National Survey of Children's Health)、全国家庭教育调查(the National Household Education Survey)的一些数据、美国家庭的全国性调查(the National Survey of America's Families)、高中纵向研究(the High School Longitudinal Study)和教育纵向研究(the Education Longitudinal Study)等都是采取了父母报告其孩子行为的方式进行测量的。虽然使用父母报告的方式在很多情况下是适合的，或者作为对儿童自我报告的补充，或者作为独立的代理指标(Stand-alone proxies)，但是通常认为父母不能对青少年的冒险行为提供准确的报告（比如性活动、酗酒、犯罪或吸毒）。对于父母报告的有关子女的态度、价值观和性格优势等数据的准确程度尚不清楚。

正如第1章所讨论的，迄今为止大多数研究都集中在青少年消极行为和特征上。当然，我们的目标是开发严谨的积极发展测量工具。我们还有一个次要目标，那就是在开发青少年行为和特征的测量工具时填补已有文献在最优方法上的空白，尤其是在积极测量工具方面。

为了达成这些目标，我们初步制定了青少年积极发展的19个构念。鉴于这一工作阶段的探索性质和本项目的目标——开发可用于联邦调查和基础研究的测量工具，我们通过对父母和青少年的一系列认知访谈来检验那些新开发的题项。

2.1.2 什么是认知访谈

认知访谈已被证实是一种确定问题措辞、理解和回忆等问题,以及确保研究者准备开发的潜在构念能够有效地被题项测量的高效方法(Willis,2004)。一般而言,认知访谈有助于确定受访者具备或不具备的信息、揭示测量误差潜在的来源,以及帮助改进问题的措辞。

认知访谈的主要目的是给研究者提供一个了解受访者问卷题目回答时认知过程的窗口,从而帮助他们在此过程的每一阶段中能够发现问题和潜在的解决方案。因为这个原因,认知访谈在检验新开发的题项和评估所有题项在何种程度上按预期工作时是非常有用的。认知访谈还能揭示题项在多大程度上适用于特定的亚组,以及目标群体在何种程度上具有回答问题所需要的信息。此外,认知访谈还能洞察各种选项类型的价值所在。

总之,认知访谈可以让研究人员更全面地理解受访者在回答问题时所经历的认知过程。反过来,这种理解有助于确定理解中的问题、评估题项是否按预期工作,确定受访者是否拥有且能够回忆起必要的信息,以及确定受访者是否能够对所提供的答题选项做出了准确的反应。此外,认知访谈有助于识别其他影响数据质量但又无法预期的问题。通过认知访谈所收集的信息可以帮助研究人员构思、制定和提出更好的调查问题(Presser,Blair,1994;DeMaio 1993;Forsyth,Lessler,1991)。

2.1.3 青少年调查问卷题项开发研究

为了弄明白为什么儿童在问卷题项的反应可靠性上(Response reliability)不同于成人,非常重要的是要考虑儿童的认知过程是如何影响他们思考和回答问卷调查的方式的。标准的问答过程模型描述了受访者给出答案可能会经历的四个步骤:(a)理解和解释问题的目的;(b)从记忆检索相关信息;(c)将信息整合为一个总结性的想法;(d)将想法转变成问卷选项所要求的形式报告出来（Tourangeau，Rasinski，1988；Sudman et al.，1996）。

Krosnick的满意度理论（Satisficing Theory）扩展了这个模型，认为一些受访者为了避免特定问题所需大量的认知努力，通过使用心理捷径避免经历所有的步骤去想出一个适当的答案（Krosnick，1991）。这种运用满意度来生成一个准确和可靠的最终答案的能力取决于受访者的动机和认知能力，以及问题的难度。出于这个原因，假设认为那些认知能力较低的儿童更有可能使用满意度来回答问题，而在形成有效反应时会遇到更多的困难。

此外，研究还提出了一种交互效应，导致认知能力较差的受访者对困难或高要求的问题更加敏感。通常认为，11岁及以上的儿童能够使用形式思维、逻辑以及能够理解假设的情境（Caskey and Anfara，2007）。尽管如此，他们的认知加工还不像成人那样发达，年龄较大的儿童在快速准确地完成问答过程模型的能力上表现出显著差异（Scott，2000）。此外，年龄较小的青少年可能在操作假设情境中的观念时还存在困难（de Leeuw et al.，2004）。

由于成人和青少年的认知功能存在较大的差异，开发成年人调查问卷时的最佳方法或许并不适用于开发青少年调查问卷，特别是年龄较小的青少年。

令人遗憾的是，目前青少年认知访谈的研究非常有限。有关青少年成功参与"出声思考"能力——回答问卷问题的同时大声报告思维的过程——研究也比较混乱。比如，Strussman等人（1993）发现，青少年可以努力大声地表达他们的想法，但他们倾向于给出研究者所问问题所需要的最低限度的反应，多数情况下就只用一个词进行回答。相反，Hess等人（1998）发现，青少年在回答调查项目时进行出声思考并不存在任何问题。Zukerberg和Hess（1996）也发现青少年能够完成认知访谈的要求。然而，年龄较小的青少年在处理某些任务上可能会有更多的困难（比如，跳转模式）。特别是，青少年在努力理解那些长而复杂的问题时，他们在回忆信息，以及那些假定研究者和受访者共享相同价值体系的问题上存在一些困难（Strussman et al.，1993）。de

Leeuw 等人(2004)表明,出声思考和认知探测(包括解释)的结合对青少年来说是有效的。

Strussman 等人(1993)和 Hess 等人(1998)都发现青少年在参照周期(Reference periods)方面存在着困难。尽管 Strussman 等人发现,特别是年龄较小的受访者在多个反应周期上报告了相同的反应,但 Hess 等人发现青少年往往忽视了参照周期。此外,两项研究都发现,与模糊的、更抽象的("有时"或"特定的某月")参照周期相比,青少年在具体的("一周一次")参照周期上表现得更好。另一项研究表明,当报告频率时,青少年受访者对具体的而非模糊限定的时间框架(Time frames)下的选项类型表现出强烈的偏好(Zukerberg, Hess 1996)。因此,考虑到学校在青少年时间组织原则中的重要性,在为青少年编制问题时,使用遵循校历的参照周期(比如从9月到5月),而不是日历年(从1月到12月),可能会显得特别有用。

2.1.4 父母作为代理报告人的调查研究

为了降低成本,父母经常被当作代理人来报告他们孩子的情况。然而,在许多话题上,父母可能无法提供他们孩子的实际情况。父母可以提供他们孩子信息的这种假设在某些领域中可能比其他方面更准确。比如,父母报告孩子的行为、人际关系和父母无法直接观察到的经历(如那些发生在教室和朋友间的事)的能力是值得怀疑的。特别是进入青春期时,他们的独立性更为强烈。同样,我们对父母是否或何时拥有为其子女报告所需的信息,以及父母可以报告何种类型的信息等方面知之甚少。与本研究计划相关的是,我们尚不知道父母在哪个积极发展领域可以作为准确的报告人。

有关父母报告孩子状况的研究更多地集中于总有慢性疾病儿童的健康和生活质量上。一项有关审视患有慢性疾病青少年及其父母报告关于青少年健康相关生活质量的研究(Sattoe et al., 2012),发现大约有50%的患有慢性疾病青少年和他们父母报告的相一致。不一致在统计学上存在显著性差异,但作者认为这种差异通常来说是比较小的,因为一半的差异都小于1个标准差。不一致相关因素包括青少年的年龄、青少年和父母的教育程度等。更普遍的是,研究发现父母在报告他们的孩子时,倾向于根据一般的信息而不是特定的情境(Groves et al.,2009)。父母做出了与孩子不同的回答,而父母做出回答所依据的知识也与孩子有所不同。

2.1.5 调查题项开发的最佳方法

除了以上讨论的研究之外,许多成年人相关的研究已经形成了一些调查题项开发的最优方法。目前,该领域已经就建构调查题项达成了一些关键共识性的建议,其中包括以下9条:

1. 使用简单、常用的词句(Krosnick,Presser 2010)。

2. 使用易于理解的句法(Krosnick,Presser 2010)。

3. 使用具体、特定、明确的措辞以减少误解和各种题项的解释(Devellis 2003;Tourangeau,Bradburn 2010;Krosnick,Presser 2010)。

4. 使用详尽的、相互排斥的反应类型(Krosnick,Presser 2010)。

5. 避免诱导性的问题(Krosnick,Presser 2010)。

6. 避免意义双关的问题(Krosnick,Presser 2010)。

7. 避免消极的措辞(Krosnick,Presser 2010)。

8. 使用上下文,包括参照群体和参照周期,以提高反应的准确性并促进记忆(Tourangeau,Bradburn 2010;Groves et al. 2009)。

9. 通过取消采访者、对受访者提供匿名保护、使用较少社会期望反应的例证、用多点计分量表取代二分的是/否作答,以及不鼓励使用"不知道"选项,我们可以最小化社会期望效应偏差(Krosnick,Presser,2010)。

作为"儿童积极发展计划"的一部分,在为青少年和家长开发调查题项时需要将这些关键建议铭记于心。在开发题项后,我们使用认知测试对它们进行评估。下面我们将介绍从该研究中学到的经验教训。

2.2 方法

2.2.1 被试招募

被试招募是通过多种多样的方式进行的,包括在Craigslist网站上发布广告、家人和朋友口耳相传、在社区中心和社区内的其他重要地点张贴宣传单。我们为参与研究的被试提供了50.00美元的酬劳。感兴趣的人通过拨打免费电话联系研究中心,并完成一个简短的筛选访谈以确定入组资格。父母和青少年都采用了相同的程序。

所有的研究程序和材料均获得了伦理审查委员会的批准。最终,该研究选择了横跨美国15个城市的68名青少年(年龄在12~17岁)和23名家长(接受访谈青少年的部分家长)。

2.2.2 样本

为确保这些题项在各年龄段、收入、性别和种族/民族等群体都能很好地发挥作用,按照这些特征将青少年被试样本进行分层选取。略多于半数的青少年(N=38,56%)年龄在14岁到17岁之间;大多数的青少年都是有意识地从低收入家庭(N=39,57%)中选取;男性占41%(N=28);样本在白人(N=19,28%)、黑人(N=26,38%)和西班牙裔(N=23,34%)等族群中保持大体均衡。

虽然样本量相对于定量研究来说比较小,但它适合于探索性的定性研究和所使用的一些技术(Krueger,Casey,2000;Willis,2005;Patton,2002)。在任何类型的群体访谈中,5到9次访谈很快就会达到饱和状态(Willis,2005)。此外,我们通过使用一种目的抽样设计来最大化样本的效用。根据前人研究已经证实的特征对被试进行细分和选择,这对于构念研究或访谈研究都有重要的意义,因为其可能与问卷的反应过程相关联(比如年龄)(Patton,2002)。

目的抽样法可以让我们对不同群体的数据和不同关键背景特征(对年龄、种族/民族等)的访谈进行比较和对比。最后,虽然不是随机或是有代表性的样本,但我们的样本中包含了经常在全国调查中未被充分代表的群体,尤其是其他种族/少数民族和低收入群体。

2.2.3 研究设计

我们对68名青少年逐个进行了认知访谈,通过三轮访谈,对我们概念框架中19个构念的题项进行了测试,共进行了三轮访谈,随后一轮访谈都是在前一轮进行告知的(表2.1)。

类似地,我们对23名家长逐个进行了一次认知访谈,三轮测试中对除精神性以外所有构念的题项进行了测试。因此,在每一轮中,6到7个构念的题项都在21~24名青少年和7~8名父母中进行了测试。

表2.1 每一轮认知访谈中测试的构念

构念	第一轮	第二轮	第三轮
利他行为			X
勤勉尽责	X		
教育投入		X	
共情		X	
环境管理	X		
宽恕	X		
慷慨/帮助家人朋友			X
目标定向		X	
感恩	X		
希望		X	
积极主动			X

续表

构念	第一轮	第二轮	第三轮
生活满意度	X		
亲子关系			X
同伴友谊	X		
目的感	X		X
社会能力		X	
精神性		X	X
节俭			X
诚信正直		X	

其中有17个构念测试良好,不需要重新测试。然而,精神性和目的感上的题项存在一些问题,因此在青少年最后一轮访谈中进行了修改并重新测试。

总体研究计划的一个关键目标是开发可以用于各种目的的题项,包括国家调查和项目评估,这些题项也可以通过多种方式进行施测(比如纸笔、电话、面对面、网络等)。出于这个原因,为了使项目资源最大化,我们的认知访谈是通过面对面和电话访谈两种方式实施的①。通过电话访谈,也可以让我们知晓这些题项是否可以很好地用于美国不同地区的青少年和家长中。此外,这种方法使我们能够从相对较少的访谈中获得最大化的收获。

2.2.4 研究过程

Child Trends研究中心的研究人员对认知访谈技巧进行了培训,包括新开发的题项,以及探测题(Probes)和开放式问题。认知访谈的持续时间为1到

---

① 研究人员探索了通过电话进行认知访谈的实施方法(Willis, 1999; Beatty and Schechter, 1994; Schechter et al., 1996),以增加测试和调查模式的相似性,获得那些不太可能同意面对面访谈的受访者的参与,增加对难以接触到的人群的访谈(比如全国和农村地区的参与者),并降低成本。

1.5小时。面对面的访谈是在一个私人的、安静且对受访者来说方便的地方,比如研究中心、当地青少年娱乐场所、受访者家中,或者其他的私人的和安静的公共场所(比如公共图书馆或咖啡店)。电话访谈则要求受访者找到一个安静的私人空间。通常在开始访谈前,访谈者对受访者予以口头确认。

对青少年进行访谈获得了父母和青少年的知情同意,而对父母进行访谈时则获得受访者的知情同意。对访谈过程进行全程录音,并对受访者有疑问的特定部分进行文字转录。

2.2.5 访谈方案

总的来说,六个半结构化的认知访谈方案(cognitive interview protocols)是在三轮访谈中发展出来的——三个是针对青少年的,三个是针对父母的。这些方案的主要目的是使用认知访谈时做到标准化,比如评估题项的理解、措辞的适当性、题项是否符合预期、受访者(尤其是父母)是否具有回答问题所需的信息,以及确定记忆和反应形式方面可能的问题。

在回答问题时,要求青少年从他们自己的角度回答这些问题,而要求父母则从青少年的角度来回答这些问题。在整个访谈过程中需要提醒家长们。比如他们被问道:"你是从你的角度还是孩子的角度来回答问题?"

为了评估题项的有效程度以及确定一些存在的问题,我们使用了多种技巧,包括以下内容:

• 共时性和回顾性的"出声思考",在整个过程中都要求受访者大声说出他们是如何得出答案的。出声思考特别有助于确定在理解、信息检索和回忆方面所存在的问题。

• 后续探测(Follow-up probes)(比如你认为我的意思是……? 你是怎么得出你的答案的? 你能更详细地给我说说那个吗?)和释义技巧(比如你能用你自己的话重复一下这个问题吗?)。这些技巧有助于了解这些问题是否以预期的方式进行诠释和理解(DeMaio,1993)。此外,为了确保父母拥有回答这些问题所需的信息,我们在整个方案中都纳入了一些探测性问题,比如你是否具有回答这些问题所需的信息?

·使用半结构化、开放式的题项(比如在我们开始之前,你能不能用你自己的语言告诉我你认为的同龄的青少年应该具备的最重要的特征是什么?或者当你想到精神性的时候会想到什么?)。开放式问题有助于确定研究人员对关键构念的操作化是否与目标人群的思考和谈论相一致。此外,通过开放式题项收集的信息有助于确定那些遗漏的或特定亚组所存在的突出问题和构念,以及目标人群所使用的短语或术语。相应地,这些短语或术语可以纳入目标构念的题项开发和修订中去,这样可以增加问题的可适用性。

·自信评估,比如你对这些问题的回答有多自信?可以帮助评估受访者是否有回答问题所需的信息。当父母作为代理人被要求报告青少年的状况时,这种信心评估可能特别有用。

2.2.6 数据分析

访谈后撰写的详细总结,访谈过程中记录的手写笔记,以及靶向转录和录音都作为研究计划此阶段的数据。在现场调查期间,与研究小组成员举行了一系列的任务执行情况报告,以对访谈总结和笔记进行评价。资深研究人员也对这些总结和音频资料进行审查以确保数据质量。这些任务汇报重点是确定理解或清晰度问题,以确定问题和答案选择是否符合预期、确定受访者是否能够回忆起所需的信息,并找到问题选择是否与其所构想的反应相匹配。具体而言,访谈者会对不同受访者的回答进行逐项审查,记录那些有效的题项,同时标记出访谈过程中所存在的任何问题。如果发现问题,研究团队将探索问题的潜在来源(比如题项清晰度、理解、回忆/反应构成等),并确定改进题项的方法,同时对哪些题项需要舍弃提出建议。

特别是要把注意力放在确定那些反映真实潜在问题的模式,以及不同访谈和受访者特征的模式上。为了减少Ⅱ类错误(Type Ⅱ errors)的可能性——

即在这种情况下,对不需要更改的测量工具进行更改——只有在问题的模式和来源得以确定时才会进行更改。将定量数据输入到SPSS数据库中,包括源于测量工具和受访者人口统计学特征的反应。对这些数据的分析有助于区分在反应中有较大差异的题项,以及那些微小差异的题项,并确证那些被怀疑有问题的地方。每一轮中较小的父母样本量使得很难确定父母报告在何种程度上这些差异是存在或不存在。因此,我们大多数差异评估仅限于青少年受访者的数据。

2.3　研究结果

在这一节中,我们将呈现我们研究中获得的或证实的7条经验,以及从数据中得到的示例。

2.3.1　经验一:参照群体

关注具体的、清晰的和明确的参照群体。那些有效题项涉及具体的行为、经验和特征,并且有清晰和突出的参照群体(比如学校和家庭生活)。对父母来说,那些涉及"可观察"的题项也会产生高质量的数据,并且增加了父母能够报告问题所需信息的可能性。下面,我们通过一个16岁的拉丁裔和非裔美国女孩受访者的措辞来说明,当一个问题缺乏具体性的时候,数据的质量(特别是反应的可靠性)可能会降低。

访谈者:当别人成功的时候我很高兴。完全不像你,比较不像你,有点儿像你,比较像你,或者完全像你。

受访者:这取决于个人。[笑]

访谈者:怎么会这样呢?

受访者:因为如果一个人看起来很假……或者类似的事情,我就会有些生气。我不会为他们感到高兴的。他们并没有得到它。好吧,我学校的一些人总是能得到他们想要的东西。就像一个女孩那样,她并没有获得参加唱诗班的入场券。

2.3.2 经验二:构念选择

避免抽象构念。避免使用抽象构念和概念的题项。受访者中,特别是青少年,在回答与他们的现实和实际体验密切相关的题目时,能解释得更好。虽然这个问题并不仅限于年龄较小的青少年,但12~14岁的青少年在理解抽象题项时会尤其困难。为了便于理解,利用抽象构念的题项应该尽可能地包括具体的实例,或者引导受访者从他们的日常经验中汲取经验。与受访者的现实和实际体验联系越紧密,对问卷题项的解释就越可能符合预期。

更具体地说,青少年,尤其是年龄较小的青少年,出现了理解上的问题并表示对初始的几个问题感到疑惑。比如,在第2轮的23名青少年受访者中,就有6名在"我寻求或体验到我存在的内在来源或灵魂"这一题项上遇到理解问题。这里,引用一位13岁的黑人女孩的例子以做说明:

访谈者:我寻求或体验到"我存在的内在来源或灵魂"。

受访者:是的!

访谈者:"我存在的内在来源或灵魂"对你意味着什么?

受访者:我不知道!

访谈者:当你回答这个问题时,你是怎么想的?

受访者:我不知道!

访谈者:你是如何决定选择哪个选项的?

受访者:我不确定。

正如以上所述,青少年(特别是年龄较小的青少年)愿意提供回答,尽管他们不能清楚地表达他们对这个问题的理解,或者他们为什么做出这样的回答,这导致对他们回答的意义产生了怀疑。

2.3.3 经验三:题项清晰度

避免模棱两可、具有多重含义或语义双关的题项。使用尽可能简洁和具体的题项有利于数据分析和解释。正如其他人在研究成年人时发现的那样,当题项是模糊的或双关的(例如,题项询问两个截然不同的问题,但只需要一个答案),青少年就会遇到解释方面的问题。对于后者,受访者可能为其中一个或两个问题提供一个反应,因此,分析人员就不知道这种反应该如何进行解释。在没有提供足够上下文的情况下,也会出现解释方面的问题,这种模棱两可导致受访者用各自不同的观点和经验来对题项做出解释。这些问题的解决对于开发包括青少年在内的任何群体的可靠性测量都至关重要。下面这句话出自一位15岁的黑人女孩,为进一步说明受访者面对模棱两可的题项时的挣扎提供了证据。

访谈者:我过一种有意义的生活。你是否同意,有点儿同意,无所谓……

受访者:我会跳过这一题目。当你说"我过一种有意义的生活"时我不明白是什么意思。

访谈者:呃。

受访者:这像你对你生活的理解吗?

另一个例子是:"当我审视世界时,我并没有看到很多值得感激的事情。"这一题项可以被赋予多重的解释。一种解释包括青少年对全球事件的思考,比如战争,由此他们认为他们并没有多少值得感激的事情。下面这句话出自16岁的西班牙裔男孩,以对此进行说明:

就像,在世界的某些地方,有很多冲突正在发生,这是你无法阻止的。

其他的青少年将他们的生活与世界上不幸的地方进行比较,认为他们有很多值得感激的地方。下面援引一位16岁的西班牙裔女孩的例子。

因为当我审视世界的时候,我发现我有很多值得感激的地方。就像,当你去审视每个国家的不同方面、世界的每一个角落,你往往会意识到你可能是幸运的。你需要对自己拥有的东西心存感激,即使有些人可能拥有的东西比你更多或更少。

在上面的例子中,参照点的缺失引起受访者产生模棱两可的情形,导致他们创建了自己的参照点,进而导致对问题和反应做出了截然不同的解释。

同样地,"我要做足够多的功课才能通过"这一题项是有问题的,因为青少年用不同的标准来理解"通过"的意思。对许多青少年来说,这意味着要做到最低限度的通过,而其他的青少年则认为要足够努力才能得到一个B。另外,一名13岁的白人少年指出了一个潜在的解释方面的问题:

好吧,嗯,只是做了足够多的功课。这很不具体!事实上,假定……这是很难回答的,因为有时候你不了解自己、你通常能做多少事情……还有,有关你所给的选项,如果你说"没有时间",那意味着你可能做得超过预期,或者做得比预想的要多,也可能意味着你做得比你预想的要少……你明白我的意思吗?

正如上面提到的,"没有时间"可以被解释为"我从来没有做过最低限度的功课以获得通过"或者"即使我总在做功课,我还是不足以获得通过"。因此,这个题项被删除了。

2.3.4 经验四:题项突显度

使用那些突显程度高的题项。题项开发时应该使用与青少年如何组织和思考目标构念相关联的参照(周期、群体和时间),比如在询问学校活动时使用校历。需要考虑对于青少年而言什么是具有发展突显度的(比如学校和同学的突显程度都很高)。

从下面这段16岁的拉丁美洲裔和非裔美国女孩的话中可以看出,同班同学是一个非常重要的参照群体。

访谈者:嗯,下一个问题是:我理解那些和我亲近的人的感受。完全不像你、很不像你、有点儿像你、很像你或者完全像你。

受访者:我很抱歉。问题是什么?我明白什么?

访谈者:我理解那些和我亲近的人的感受。

受访者:哈!嗯,很不像我。

访谈者:现在,如果有人的话,你现在会想起谁呢?

受访者:我在学校的朋友。我和我所有的朋友都有所不同,因为他们都住在非常富有的社区里。他们都有非常完美的家庭,这些都与我无关。

2.3.5 经验五:家长报告

要求父母报告他们所知道的和观察到的。父母回答一些问题的能力和准确性,在某种程度上取决于他们与孩子的关系、题项相关的行为是否能被父母观察到,以及他们与青少年就目标问题的交流程度。有时,父母也很难把他们的观点和他们自己的知觉及其与孩子的知觉相区分开来。

我们的研究结果表明,一些家长在从青少年的角度而不是从他们自己的角度回答某些问题上面临着挑战。比如他们认为他们的孩子应该做什么,或者他们是如何看待他们孩子的。援引一个15岁的白人男孩的父母作为示例。

访谈者:当我的孩子给予他人东西时,他感觉很好。

受访者:有一点儿吧。

访谈者:你觉得你能从孩子的角度来回答这个问题吗?

受访者:很难。嗯,我不知道他会如何回答这些问题。因为作为一个独生子女,我在他身上看到了自私……我不知道他能否认识到。

可能是在这些情况下,父母会凭他们最好的猜测来填补信息空白,正如一位13岁的黑人女孩的父母所说的那样。

访谈者:你觉得你能回答关于你孩子的这一系列问题吗?

受访者:是的,但是我确实觉得我必须坚持从她的角度说话,因为当我对某件事有强烈的感觉时……我的回答就会有些表面化……

我必须读两遍,然后说,"等一下"。我强烈反对,但她可能有点儿不同意,因为你知道她12岁……

但她知道这一点,因为这些都是我们所提倡的。

正如上面的例子所示,当父母的意见或期望与他们的孩子不同时,这种困难就会加剧了。家长们也报告说,他们回答一些问题的能力和回答的准确性,在某种程度上取决于他们与孩子的关系,以及他们就目标问题的彼此沟通程度。

比如,关于父母对青少年的友谊的了解,下面援引一位黑人母亲的话说明这一观点:

访谈者:我的孩子发现很难交到朋友。

受访者:不是我意识到的那样! 我的意思是,我不知道他是否在内心挣扎。

一位13岁白人女孩的母亲报告说,她在从自己的观点和从孩子的观点回答问题时感到比较艰难。

访谈者:我的孩子觉得她的生活毫无意义。

受访者:不,我不认为她是这么想的!

访谈者:好的! 你认为父母可以回答有关孩子的这些问题吗?

受访者:……再一次,我认为大多数人不能……我的意思是,这似乎是一个非常哲学的问题。就是这种说法。我不认为这是心理上或精神上的。比如,它们都是哲学问题,作为家长,你担心的是日常生活。比如,你晚餐想吃些什么,你要约哪个朋友一起出去,这节课你要做什么,以及你正在那做什么等等。我的意思是,作为一个家长,我难以真正去关注那种哲学层面的事情,你能明白吗? 我只是觉得这是那种——也可能他们正在考虑这些事情。你永远不知道人们是否会考虑这些事情。

访谈者:当你在谈论这些问题的时候,你是在思考你的孩子的感受,还是你个人的观点?

受访者:你明白吗? 我是遵循指导语。我一直在努力做你指导我做的事情。我只是发现了问题——它们是哲学层面的,而且很难。就我的能力而言,我很难了解我的孩子。我在猜测,但我并不是在说我的观点是什么。

对于一些主题和题项,一些家长只是简单地报告没有所需的信息进行回应。正如下面引用的那样,一位13岁的黑人女孩的母亲报告说,她无法回答有关她孩子友谊的一些问题,因为技术已经取代了她可以观察的面对面的、公开的互动。

访谈者:你认为大多数父母或许多父母都没有足够的信息来回答这类问题吗?

受访者:很难。是很困难的。我不想成为一个生活在泡影中的人。但是……嗯,我知道,现在社会就是这样,孩子们可能会做很多事情,而父母们却没有意识到彼此之间的交流。如果朋友不在那,无法看到或者人根本不在那……我不知道他们是不是在发短信,他们是不是在写信,他们是不是在发电子邮件,以及他们是不是在视频。你不知道,这可能不是你有意的。可能只是,只是方式,对了,孩子们,你知道的,他们就那样。我不知道这是否不宜公开。不过,当我开车送我孩子的朋友时,和我一起在车里他们就互相发短信,而不是打电话。

访谈者:所以,他们可能不会把任何事情都和他们的父母分享?

受访者:我认为他们不会这样做。我认为我的孩子不会。

为了解决这个问题,在构念和题项水平上都使用了几种策略。

在构念层次上,我们首先从父母问卷中排除了那些本质上与青少年个人相关的构念(包括目的感和精神性),因为基于认知访谈和已有文献,我们相信这些都是内化的构念,父母可能不具备准确地从孩子的角度回答问题时所必需的信息。其次,我们要求父母从他们自己的角度对亲子关系部分进行回答。我们怀疑,当父母在报告亲子关系时,他们很难将他们自己的观点从孩子的观点中分离出来。

有选择地放弃了一些父母难以回答的题项(比如没有足够的信息,或从孩子的角度来回答问题有困难）。我们还对一些题项进行了修订以使其聚焦于青少年的行为，这样可以使父母能够观察得到。比如，我们取消了有关青少年学校行为的父母题项，因为父母不太可能观察到这些行为。最后，在整个调查过程中，我们设置了一个"不知道"的选项，当父母没有必需的信息来回应，或者从青少年的角度回答问题有困难时可以选择这个选项，由此排除父母数据中可能不准确的部分。

2.3.6 经验六：反应变异性

解决反应中变异性（Response variability）不足的问题。如上所述，开发积极题项的一个常见问题是变异性的不足，或者在选项中存在向上偏误（upward bias）。例如，根据我们所发现的证据，研究中并未采用盖洛普咨询公司（The Gallup Organization）开发的全距是从"0"到"10"的生活满意度量表。下面援引16岁的白人男孩的示例以做说明：

访谈者：好的！那么，我们现在来讨论一下这个量表上的数字对你来说意味着什么。你认为哪个数字与表现良好的人相符？

受访者：哪些做得好的？

访谈者：是啊！

受访者：我猜大概是8、9和10。

访谈者：那些表现不佳的人相对应的数字呢？

受访者：嗯，5和4吧。

在上面的例子中，受访者忽略了描述"可能最糟糕的生活"的量表下端的数字，而是使用了被认为是中等范围的数字。这种不能充分使用的反应量表是有问题的，因为它导致了要么是向上或向下偏误的反应，结果是可能很难测出受访者之间的差异，特别是那些可能很小但有意义的差异（比如：一个积极发展的孩子和一个做得相当好的孩子）。

一般来说，根据认知访谈的数据，当存在以下几种情况时，反应的选项就会缺乏变异性：(a)题项阈值太低或无法区分高分和低分；(b)题项本身就具有吸引力，并引发了社会赞许效应（一种总是以社会认可的方式做出评价的倾向）。

为了提高反应量表的变异性，显然有必要选择或开发具有至少适度变异性的题项。而且，在可能的情况下，我们的研究结果表明，比较可取的方式是利用行为来代替态度。行为为问题提供了一个更具体的锚点，这对于抽象构念而言尤为重要。类似地，在修改题项时，我们尽可能地依赖于频率量尺（Frequency scales）的使用。这一做法引发了更大的变异性，特别是对于那些有社会赞许的题项，因为频率量尺允许青少年和父母报告事情通常会"多久"发生一次，而不是报告是否发生。

为了解决社会赞许性，我们努力使用或开发高阈限的题项。我们增加了题项的阈限或修改题项，以使所有（或大多数）的受访者更难做出很肯定的回答。我们还包括了一些具有更多特异性的题项，为被试做出反应提供了一个具体的锚点。我们设法开发一些消极题项，以测量积极特征缺失的情形。此外，我们还添加了一个已经确认具有心理测量特性的简版量表，以便在我们心理测量分析过程中检测社会赞许性效应。

2.3.7 经验七：开发一致的反应选项

将反应选项与潜在构念相匹配。 认知访谈的结果表明，在可能的情况下，问卷开发人员应该采用与问题所要解决的潜在构念相匹配的反应选项。比如，如果你想知道某件事有多么重要，那选项就应该采用"一点儿也不重要"到"非常重要"的方式进行衡量，而不是使用表示"同意"的态度性选项（我认为X是很重要的）。使用同意/不同意的题项通常适用于要求两种认知任务的情况：决定某人认为X有多么重要，并将自己的信念与同意/不同意的量尺相匹配。使用针对潜在构念的量尺可以减少对第二次认知任务的需要（Dykema et al. 2011）。这对于降低青少年的认知负荷是特别重要的，因为随着个体成长他们仍在发展高层次思维的能力。

同样,反应量尺应该与完成潜在构念的频率相匹配。比如,在环境管理下,"循环利用"应该有一个相对应的"每天"的选项,而"植树"则不适合采用这一选项。

然而,与同意量尺相比,一个与频率量尺有关的问题(比如从不、一个月一次或两次、一周一次或两次、几乎每天)是,一些青少年和父母将自己的答案与所提供的选项相匹配方面存在困难,因为他们已经有了一个比例性的答案(比如回答大约有75%的时间),但是反应量尺则要求他们提供一个频率。下面这段话出自一位12岁的白人女孩,提供了一个此类问题的例子:

访谈者:现在,对于最后一组问题,我们使用一组新的回答选项:"从不""每月一到两次""每周一到两次"和"几乎每天"。你在选择答案时遇到什么问题了吗?

受访者:是的!

访谈者:嗯,你能具体说一下吗?

受访者:嗯,我没想过类似一个月或一周的问题。我只是笼统地思考,具体地说,我不是每两周思考一次,而是每次发生的时候都在想。而不是每一天都想!就像,我不是每天都去杂货店,但是每次我们去的时候,我们都在用可循环的袋子。

与此类似,青少年认为他们需要一个中间类的,而不是二分的选项答案,正如一个13岁的黑人女孩所说的那样(她将那些选项按字母顺序排列)。

访谈者:现在我要让你们看看讲义的第4页。这些是关于亲密朋友"是"或"否"的问题。所以,请作答,当你完成的时候,我会给你一些后续的问题。

受访者:这是在谈论我们的朋友——我的朋友,对吗?

访谈者:是的!所以……这是你的一个亲密朋友。

受访者:有时不在这两个选项中,所以我会选择"是"。

访谈者:你认为"B"谈不上是"是"或"否"的问题,更多是一种"有时"

的问题吗?

受访者:还有"C"。

访谈者:对于"B"和"C",你希望有一个类似于"有时"的选项吗?

受访者:是的……还有"F",因为有时候我的朋友不喜欢我喜欢做的事情。就像我们去参加学校派对一样,她不想去,我很生气……至于"I",是因为我最好的朋友将我喜欢这个男孩的秘密告诉了这个女孩。

2.4 讨论

在这一章中,我们从为青少年及其父母开发青少年积极发展题项的认知测试中总结了一些经验。我们利用这些经验来进一步完善我们所开发的题项,并合成了可用于父母及其青少年子女的全国性样本的测试问卷(参见第3章)。

具体来说,想要确定那些最有希望应用于初步研究的测量工具,我们需要:(a)基于认知访谈的结果,在适当的情况下选择那些具有最大变异性的题项;(b)选择或完善题项,以使它们具有明确的或突显程度高的参照点(如学校或亲密朋友、校历与年日历);(c)剔除那些证实容易受社会赞许性影响的题项;(d)集中在那些本质上是行为的题项上,以进一步提高题项反应的变异性;(e)限制构念,在构念内,询问父母的是他们最有可能拥有的信息,并有可能观察到的问题;(f)删除那些模棱两可的或者反应可能有多重解释的题项;(g)为抽象构念开发具体的题项,并剔除那些抽象的题项,或者被受访者认为是模糊的题项。

此外,我们在构念内选择了那些集中于青少年生活的重要方面并反映我们文献回顾所界定的潜在构念的题项。如上所述,意识到并不是所有的父母都具备报告所有构念或构念内所有题项所需要的信息,我们在父母问卷的所有题项中添加了"不知道"这一选项。同样地,基于先前的研究和认知测试的结果,表明精神性对青少年来说可能是一个很难回答的构念,我们在这个构念的大部分题项中加入了一个"不知道"的反应类别。分析父母报告中使用"不知道"选项数据,包括那些使用或不使用"不知道"选项父母的特征,这些分析可以提供很多有意义的参考。比如知晓哪些父母是最好的报告者。再如,父母报告的质量是否与亲子对(Parent‐child dyads)的性别构成有关,或与其他特征有关,比如孩子的年龄或交流的频率。对父母和青少年初步调查中的报告进行比较,也将提供关于父母和青少年一致性水平以及在多大程度上取决于主题或亲子特征等重要信息。这些信息对于识别父母可以准确地报告哪些信息,以及何时需要青少年直接报告都是非常重要的。

参考文献

Beatty, P., & Schechter, S. (1994). An examination of mode effects in cognitive laboratory research. *Proceedings of the Survey Methods Research Section*, American Statistical Association (pp. 1275‐1280). Alexandria, VA: American Statistical Association.

Caskey, M. M., & Anfara Jr., V. A. (2007). *NMSA Research summary: Young adolescents' developmental characteristics.* Association for Middle Level Education website. Retrieved from http://www.amle.org/Research/ResearchSummaries/DevelopmentalCharacteristics/tabid/1414/Default.aspx

de Leeuw, E., Borgers, N., & Smits, A. (2004). Pretesting questionnaires for children and adolescents. In S. Presser, J. Rothgeb, M. P. Couper, J. T. Lessler, E. Martin, J. Martin, & E. Singer (Eds.), *Methods for testing and evaluating survey questionnaires*(pp. 409 – 429). Hoboken, NJ: Wiley.

DeMaio, T.(1993). *Protocol for pretesting demographic surveys at the Census Bureau*(*Census Bureau monograph*). Washington, DC: U.S. Bureau of the Census.

Devellis, R. F.(2003). *Scale development: Theory and applications*(2nd ed., Vol. 26). Thousand Oaks, CA: Sage.

Dykema, J., Schaeffer, N. C., & Garbarski, D.(2011, November). *Measuring political efficacy: A comparison between agree/disagree versus construct-specific items.* Paper presented at the meeting of the Midwest Association for Public Opinion Research, Chicago, IL.

Forsyth, B. H., & Lessler, J. T.(1991). Cognitive laboratory methods: A taxonomy. In P. Biemer, R. Groves, L. Lyberg, N. Mathiowetz, & S. Sudman (Eds.), *Measurement errors in surveys*(pp. 393 – 418). New York, NY: Wiley.

Groves, R. M., Fowler, F. J. J., Couper, M. P., Lepkowski, J. M., Singer, E., & Tourangeau, R.(2009). *Survey methodology*(2nd ed.). Hoboken, NJ:Wiley.

Hess, J., Rothgeb, J., Zukerberg, A., Richter, K., Le Menestrel, S., Moore, K. A., et al.(1998). *Teens talk: Are adolescents willing and able to answer survey questions?* Paper presented at the meeting of the American Statistical Association Section on Survey Research Methods, Alexandria, VA.

Krosnick, J. A.(1991). Response strategies for coping with the cognitive demands of attitude measures in surveys. *Applied Cognitive Psychology*, 5, 213 – 236.

Krosnick, J. A., & Presser, S.(2010). Question and questionnaire design. In P. V. Marsden & J. D. Wright(Eds.), *Handbook of survey research*(2nd ed., pp. 263 – 313). Bingley, UK: Emerald Group Publishing Limited.

Krueger, R. A., & Casey, M. A.(2000). *Focus groups: A practical guide for applied research*(3rd ed.). Thousand Oaks, CA: Sage.

Patton, M. C. (2002). *Qualitative research and evaluation methods* (3rd ed.). Thousand Oaks, CA: Sage.

Presser, S., & Blair, J. (1994). Survey pretesting: Do different methods produce different results? *Sociological Methodology*, 24, 73–104.

Sattoe, J. N. T., von Staa, A., Moll, H. A., & On Your Own Feet Research Group. (2012). The proxy problem anatomized: Child-parent disagreement in the health related quality of life reports of chronically ill adolescents. *Health and Quality of Life Outcomes*, 10(10). DOI: 10.1186/1477-7525-10-10

Schechter, S., Blair, J., Hey, J. V. (1996). Conducting cognitive interviews to test self-administered and telephone surveys: Which methods should we use? *Proceedings of the Survey Methods Research Section, American Statistical Association* (pp.10–17). Alexandria, VA: American Statistical Association.

Scott, J. (1997). Children as respondents: Methods for improving data quality. In P. B. L. Lyberg, M. Collins, E. DeLeeuw, N. S. C. Dippo, & D. Trewin (Eds.), *Survey measurement and process quality* (pp. 331–350). New York, NY: Wiley

Scott, J. (2000). Children as respondents: The challenge for quantitative methods. In P. Christensen & A. James (Eds.), *Research with children: Perspectives and practices* (pp. 87–108). London, UK: Falmer Press.

Strussman, B. J., Willis, G. B., & Allen, K. F. (1993). *Collecting information from teenagers: Experiences from the cognitive lab.* Paper presented at the meeting of the American Statistical Association Section on Survey Research Methods, Alexandria, VA.

Sudman, S., Bradburn, N. M., & Schwarz, N. (1996). *Thinking about answers: The application of cognitive processes to survey methodology.* San Francisco, CA: Jossey-Bass.

Tourangeau, R., & Bradburn, N. M.(2010). The psychology of survey response. In P. V. Marsden & J. D. Wright(Eds.), *Handbook of survey research*(2nd ed.). Bingley, UK: Emerald Group Publishing Limited.

Tourangeau, R., & Rasinski, K. A.(1988). Cognitive processes underlying context effects in attitude measurement. *Psychological Bulletin*, *103*, 299 - 314.

Willis, G. B.(1999). *Cognitive interviewing: A "How To" guide.* Research Triangle Park, NC: Research Triangle Institute.

Willis, G. B.(2004). *Cognitive interviewing and questionnaire design: Better questions are ours for the asking.* Paper presented at the 2004 meeting of the American Association for Public Opinion Research, Phoenix, AZ.

Willis, G. B.(2005). *Cognitive interviewing: A tool for improving questionnaire design.* Thousand Oaks, CA: Sage.

Zukerberg, A. L., & Hess, J.(1996). *Uncovering adolescent perceptions: Experience conducting cognitive interviews with adolescents.* Paper presented at the meeting of the American Statistical Association Section on Survey Research Methods, Alexandria, VA.

第 3 章
初步研究和心理测量分析

3.1 初步研究介绍

正如前文描述的在"儿童积极发展计划"的早期阶段,题项通过认知访谈进行开发、修改和测试,以确保量表中的题项能够准确地对每个构念进行评估,而且受访者可以对题项进行回答。接下来,正如本章所描述的,每一种量表所选择的题项要在基于全国代表性样本的初步研究中进行检测。然后,对初步调查数据进行分析,以评估每个量表的心理测量特性。我们检验的目标是获得简短版的测量量表,而且这些量表对于青少年和(适用时)父母具有良好的数据分布、内部一致性和效度。

3.1.1 被试招募

研究被试是从知识网络(Knowledge Network)的全国代表性样本中招募

的,他们都居住于美国。知识网络通过使用随机数字拨号或基于地址的抽样来选择家庭。由于调查是在互联网上进行的,如果需要的话,家庭可以接入互联网和硬件。知识网络的样本是基于一个抽样框架,它包括了公开列出的和没有公开列出的电话号码,以及那些有或没有固定电话的家庭。它不局限于当前的互联网用户或电脑用户,也不接受志愿者。被试招募入组后则主要通过电子邮件联系。

知识网络从样本中挑选了12~17岁孩子的父母参与我们的初步研究,也要求这些父母同意让他们的孩子参与这项研究。如果没有得到许可,就不再尝试与青少年进行直接交流。

3.1.2 研究程序

被试招募入组后,父母完成了筛选测试,并同意让他们的孩子参与该研究。除了父母同意外,还获得青少年本人的知情同意。

父母和青少年可以单独地完成调查问卷,但他们都可以选择是否一次性完成各自的调查问卷。使用电子邮件或自动电话提醒父母和青少年完成问卷调查。

3.1.3 激励措施

最初,给父母和青少年各5美元的奖励。考虑到在这项研究中,父母完成率远远高于青少年的完成率,所以在数据收集过程中,增加了青少年的激励金额。完成调查的青少年得到20美元或一张礼品卡,而完成调查的父母得到5美元或一张礼品卡。

3.1.4 调查问卷

父母和青少年的认知测试结果(第2章的描述)对题项和问卷编制产生影响。初步问卷包括19个构念的题项。如果有可能,会开发平行的父母题项。

为了减少受访者的负担,这些构念被随机分配到两个组中的一个。每一个亲子对都被分配到同一个组中。受访者的问卷平均包括8到9个构念。这个设计可以让我们比较父母和青少年的报告,并在反应量尺和措辞上进行一些实验。

青少年方案中包含147个题项,而父母方案包含125个题项。为了提供视觉上的变化和刺激,每个网页显示屏上的条目数量限制在7个。

在分析时删除了19个青少年被试,因为他们在不到7分钟内就完成了调查填写,或者反复地选择同一个选项作答,或者是在没有阅读题项的情况下为多个题项填写同一个反应类别。

3.2 心理测量分析

3.2.1 心理测量分析概述

从初步研究中获得的数据用于评估我们所要开发量表的效度和其他心理测量特性。

一般来说,量表使用个体对关于他自身问题的回答来衡量一个或多个潜在的(间接观察到的)构念(也称因素或潜在特质)。对于每个构念,量表设计人员经常期望个体反应的单个总分可以作为对该构念的充分估计。然而,可能存在的情况是,尽管对一组问题的回答被设计为测量单个构念的,但是对这些问题的回答似乎可以度量一个以上的构念。如果这些问题看起来是用来度量多个构念的,那么就不应该创建单个总分。相反,应该为每个构念创建单独的分数(McDonald,1999)。

当用一个量表测量多个构念时,避免使用单个总分是非常重要的,因为单个总分是无效的并可能会掩盖重要信息,由于它是将两个构念的信息合成一个单独的分数(Carle,Weech-Maldonado,2012)。比如,考虑一组假设的问题来测量社区的参与程度。可能这些问题测量了社区参与的两个方面:"直接的"社区参与(与青少年社区的接触)和"广泛的"社区参与(与社区以外社区的接触)。如果这些问题测量了两个构念,一个青少年可能会在直接社区参与方面有很高的参与度,但在广泛社区参与方面却很低。另一个青少年可能直接社区参与方面处于低水平,但在广泛社区参与方面却很高。使用一个单一的总分将会忽略这一差别,并认为两个青少年几乎相等,尽管他们在这两个构念上有着实质上的不同。因此,建立有效的计分系统是非常必要的。

内部效度(Internal validity)是指测量工具能够准确测出研究者所期望测量的事物的程度(McDonald,1999)。如果反应或回答被设计成度量单个构念(支持单一总分),那么这种期望就应该进行实证的检验(Carle and Weech-Maldonado,2012)。对于这个计划中所开发的每个量表,我们都期望对于每个量表相关的问题的选项都是用来测量单一的构念。心理测量学家将数据测量单一构念的视为单一维度,将数据测量多个构念的视为多维度(Bollen 1989;McDonald,1999)。尽管我们寻求开发单维度量表,但我们认识到一个前提,我们需要在每一个量表的题项集上用实证的方式检验这个假设。我们认识到,当单维性检验失败时,就需要开发基于实证的可替代的测量模型(比如发现一个双因素模型,而不是单维度模型)(Carle and Weech-Maldonado,2012)。为了达到这个目的,我们使用了验证性因素分析(Bollen,1989;Carle and Weech-Maldonado,2012;Muthén,1989)。

验证性因素分析使用数学模型来描述人们对问题回答的方式。这是在某种意义上验证研究者假定的(即明确提出)一个具体的模型,然后检验模型所隐含的协方差矩阵与所观测到的协方差矩阵的差异程度(Bollen,1989)。如果一个单一构念(因子)解释了反应间的协方差,那么模型就能很好地再现协方差。如果一个单一因素不能解释协方差,那么模型所隐含的和所观察到的协方差矩阵之间的差异就会很大。"拟合良好"的模型可以很好地再现协方差矩阵（Hu and Bentler，1998；Hu and Bentler，1999；Bollen，1989）。

我们的第一个兴趣是评估每一量表合成一个总分（即加总）的有效性。因此，我们首先检验每个量表单因素模型的拟合程度。我们对每个量表都做了单独的检验。如果这个模型拟合良好，我们就考虑这为基于问题回答的单一总分提供了证据。如果这个模型不能很好拟合，就像 Carle 和 Weech-Maldonado（2012）和 Reise 等人（2011）所建议的那样，我们考察这些数据是否"本质上"是单维的。根据 Reise 等人（2011）和 Carle 和 Weech-Maldonado（2012）所描述的指导方针和方法，我们开发并测试了双因素模型的拟合程度，以考察"实质的"或"充分的"单维特性。双因素模型假定一个一般因素（虽然不是完全的）可以解释反应之间的协方差。一个或多个"具体"（相对于一般的）因素可以解释剩余的协方差。这些具体因素往往不代表实质性的有意义的构念。相反，它们对应于常见的反应选项、题项排序或类似的题项内容（比如，量表的一组题项全是关于家庭行为方面的，而另一组题项则全是关于学校里的行为方面的）。如果能开发一个数据拟合良好的双因素模型，那么就可以对双因素模型在一般因素上的载荷与单维模型在一般因素上的载荷相差异的程度进行检验。如果载荷量没有实质上的差异，那么可以得出结论，这些数据实质上是单维的（Reise et al.，2011）。我们使用这种方法来检验足够的单维特性，以此作为单个总分的证据。

最后，在数据没有出现单维或充分单维的情况下，我们将采用理论分析、单维模型的修正指数（确定拟合不良的限制条件）和探索性因素分析，以开发和检验多维模型的拟合程度（Bollen，1989）。在某些情况下（详情见下文），我们还没有成功地开发出多维度模型。在这些情况下，我们从量表中削减题项以试图开发一个单维度模型。在削减题项后，我们继续通过上面描述的步骤来检验模型的单维特性。

对于所有的模型，我们用 Hu 和 Bentler（1998，1999）所建议的、经实证确认的理想拟合指数和水平进行检验拟合度:近似误差均方根(RMSEA)的值小于0.05,比较拟合指数(CFI)和tucker-lewis指数(TLI)值大于0.95。

表3.1 心理测量和标准

测量	理想水平	接受水平
克伦巴赫α系数(alpha)	≥0.70	≥0.70
比较拟合指数(CFI)	>0.95	>0.95
Tucker-Lewis指数(TLI)	>0.95	>0.95
近似误差均方根(RMSEA)	<0.05	≤0.085

对那些属于亲-子对的青少年(即他们的父母也完成了调查;$n = 1915$)和所有的父母($n = 2421$)都进行了验证性因素分析。剩下的分析都是针对所有的父母和青少年进行的,而不管他们是否组成亲子对($N=2490$)。

所有分析都适当地处理了数据的有序分类的属性(ordered-categorical nature)(例如从不……总是),使用Mplus统计软件,其θ参数化和加权最小二乘估计值,以及通过其缺失数据评估功能以估算均值和协方差(而不是题项水平的插补)(Little and Rubin, 2002; Muthén, 1984; Muthén and Muthén, 1998-2010)。Cronbach α系数也被评估为每个问卷的评估指标。每个量表都呈现非标准化的数值。另外,对于每一个量表,我们都会讨论分数的分布。表3.1总结了我们使用测量的结果。

3.2.2 亚组

我们使用亚组测试了最终的青少年模型和父母模型,以检验该模型在不同亚组的模型拟合程度是否与总体样本相一致。我们根据我们对总体模型使用的相同拟合统计要求呈现亚组的分析结果。我们提供了亚组模型是否满足这些判定值(cut-offs)的分析结果。如果拟合标准恰在可接受的范围之外,那么它们就被视为是拟合不良的。这是一种保守的估计。

这些模型需要在不同的性别(男性、女性)、青少年年龄(12~14岁、15~17

岁)和家庭收入(低于样本收入中值的中位数,等于或高于样本收入中位数)的亚组群体中进行检验。

当一个模型只包含 3 个题项时,亚组分析就在一个包含青少年和父母题项的联合模型中进行分析。这在那些具有很少题项的模型测试中是非常有必要的。

由于相对较小的样本量和较少的分类反应导致了过多的二分变量空单元格(Bivariate empty cells),导致我们无法拟合所有的模型。在下面的表中,我们将不能进行拟合模型分析的亚组用 N/A 标记。采用"√"表示模型可以很好地拟合亚组,采用"-"表示该模型不能很好拟合指定的亚组。

3.2.3 构念效度

为了证明测验的有效性,需要检验量表与被挑选出来的一些结果变量之间的同时效度。本研究中采用四个代表社会行为、健康行为、情绪健康和学业成绩的单一题项的量表以考察各量表的同时效度。比如社会行为的测量题项就是选自于青少年危险行为调查(Youth Risk Behavior Survey,YRBS)中用来测量打架行为的题项:在过去的 12 个月里,你有过多少次肢体冲突?

测量抽烟这一健康行为的题项也是选自青少年危险行为调查项目:在过去的 30 天里,有多少天你曾有过抽烟行为?

青少年报告的抑郁症症状作为情绪健康的测量指标,题项选自于青少年危险行为调查项目:在过去的 12 个月里,你有没有过因非常伤心或无助持续超过两周或更长时间,而中断了一些日常活动?

最后,作为学业成绩的测量指标,使用改编自监测未来调查(the Monitoring the Future survey)的父母作答的题项:现在我需要问一下你,(他的)在最近一次期末考试中的成绩。总的来说,综合(他)在学校中所学的所有科目,(他)获得的成绩是:大部分得 A;大部分得 B;大部分得 C;大部分得 D 或者更低;(他的)学校没有给出这些成绩。

这些结果被转换成二分虚拟变量,并且通过多变量分析中的四分位数进行分析,控制青少年的性别、年龄、种族、家庭收入、家庭规模、父母受教育程度、父母的婚姻状况、父母的房屋所有权、父母的工作、市区范围和居住地区。

为每个量表的使用者提供对指导编码有用的信息,我们也会提供关于四分位数是如何编码信息的。这些四分位数是在全国代表性初步研究样本的加权数据的基础上得出的。

3.3 结果

3.3.1 人际关系能力

3.3.1.1 共情

共情是指能够感知和理解他人的感受的能力,包括认知和情感两个方面。为了评定共情,父母和青少年都会被问到四个问题,使用从"很像我(我的孩子)"到"一点儿都不像我(我的孩子)"的反应量表。父母和孩子所要回答的问题是相同的,只是对父母相关的题项进行了适当改编,以使父母可以更好地报告关于他们的孩子的情况。

父母量表的内部一致性系数为 0.87,表明具有高内部可靠性。青少年量表的内部一致性系数为 0.84。拟合度是通过 CFI, TLI 和 RMSEA 等拟合指数来评估和表示的,父母报告量表和青少年报告量表都具有出色的拟合指标,这些指数都远超我们所定的标准(见下文)。而且,正如以下条形图所示,每一个量表的分数分布也相当好。虽然积极构念测量中往往出现正偏态分布,但共情量表并未出现偏态化分布。

为了采用多变量分析来测量量表的同时效度,控制了青少年的性别、年龄、种族、家庭收入、家庭规模、父母受教育程度、父母婚姻状况、父母的房屋所有权、父母工作、市区范围和居住地区等变量。

共情水平较低的青少年更有可能报告他们会打架、抽烟、感到伤心或者无助，而且也不大可能获得大部分为A的学业成绩（见图3.3）。共情得分高者和得分低者的差异很明显，使用双变量分析可以将这种差异更清晰地呈现出来。比如，通过四分位数进行比较，共情得分位于最低四分位数的青少年有超过25%的人报告在过去的12个月里经常打架。处于第二四分位数的青少年有大约20%的人报告在过去的12个月里经常打架，而处于最高两个四分位数的青少年只有不到15%的人报告有这样的经历。还有，对于抽烟来说，共情得分位于最低四分位数的青少年中有超过8%的人报告在过去的30天里有抽烟行为，其他三组则只有不到1%的青少年报告有这样的经历。关于抑郁症状，共情得分位于最低四分位数的青少年中有超过20%的人报告会感到伤心或无助，而其他组则只有10%~15%的青少年报告会感到伤心或无助。而且，共情得分位于最低四分位数的青少年中只有不到40%的人在学业成绩上通常得到A，其他组的青少年有55%~60%的人的得分通常是A。很明显，共情的测量可以将较低幸福感范围的青少年挑选出来，也能识别出共情得分较低的青少年和共情得分较高的青少年之间本质的重要差异。

心理测量分析是在几个关键性的亚组以及样本总体中进行的。除了较低与较高家庭收入组，以及年龄更大一点的青少年的父母组外，我们的标准适用于所有的亚组。除了这些特例，共情量表满足我们的所有标准。

父母报告题项

请判断以下陈述多大程度上可以描述你的孩子（非常不像我的孩子……非常像我的孩子）

- 当别人受到伤害时，我的孩子会感觉很糟糕。
- 当别人成功的时候，我的孩子会感到很开心。

- 我的孩子可以理解与他/她亲近的人的感受。
- 对我的孩子来说,理解他人感受是很重要的(见图3.1)。

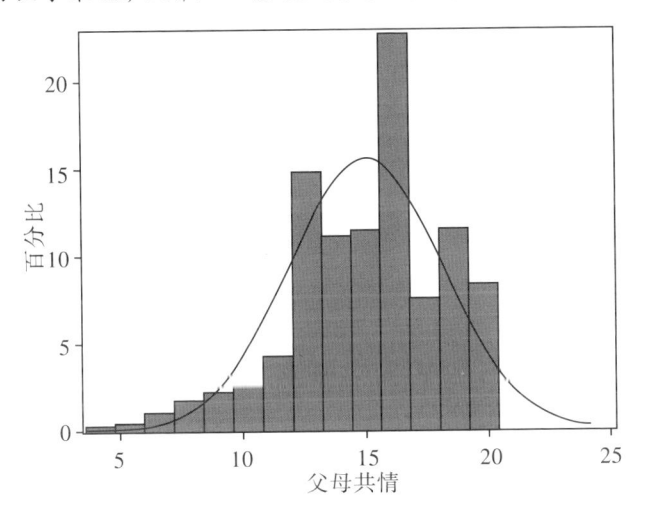

图3.1 父母报告的共情分布情况

Alpha=0.87,CFI=1.000,TLI=0.999,RMSEA=0.026

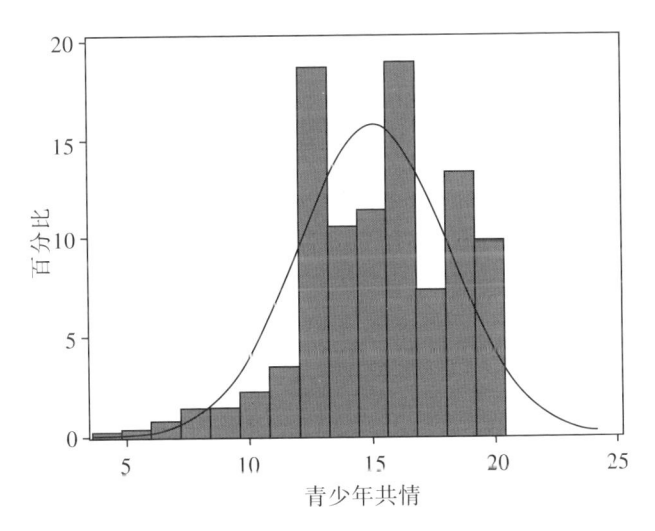

图3.2 青少年报告的共情分布情况

Alpha=0.84,CFI=1.000,TLI=0.999,RMSEA=0.0336.

青少年报告题项

请判断以下陈述多大程度上是在描述你(非常不像我...非常像我)

- 当别人受到伤害时,我会感到很糟糕。
- 我能够理解和我亲近的人的感受。
- 对我来说,理解他人的感受是很重要的。
- 当其他人成功时,我会感到很开心(见图3.2)。

各小组心理测量分析在各亚组中的评估情况见表3.2。

表3.2 共情亚组分析结果

	青少年的性别		家庭收入		青少年的年龄	
	男	女	低	高	12–14	15–17
青少年量表		√	—	—	√	√
父母量表	√	√	√	√	√	—

√ 表示模型在该亚组拟合良好
— 表示模型在该亚组拟合不良

同时效度见表3.3和图3.3。

表3.3 共情的同时效度

打架	抽烟	抑郁	成绩
−0.12***	−0.16***	−0.10***	0.10***

*在0.10水平上显著
**在0.05水平上显著
***在0.01水平上显著

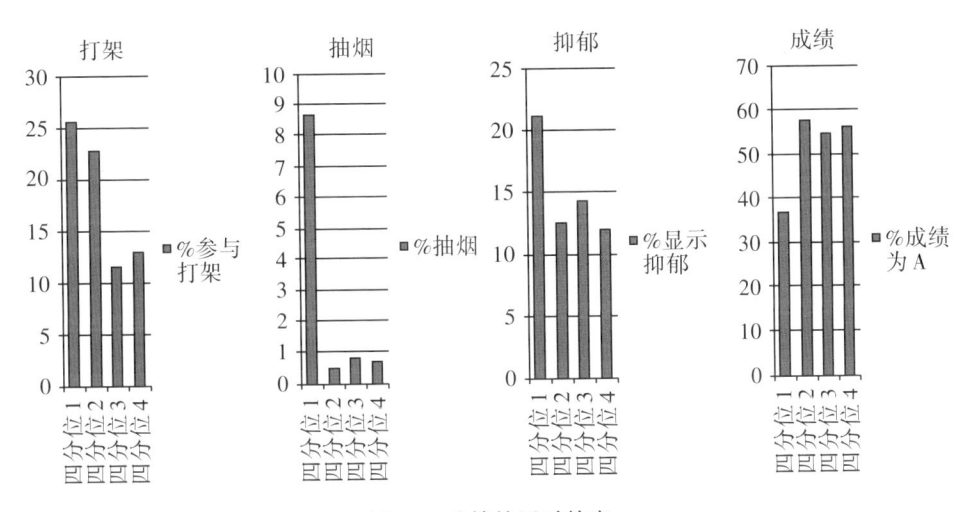

图 3.3 共情的同时效度
社会、健康、情绪和学业成绩在共情四分位数上的分布情况。

四分位数

父母报告的共情量表的分布如下(基于全国初步调查的加权数据):四分位数 1:≤13,四分位数 2:14-16,四分位数 3:17,四分位数 4:>17。

青少年报告的共情量表的分布如下(基于全国初步调查的加权数据):四分位数 1:≤13,四分位数 2:14-15,四分位数 3:16-17,四分位数 4:>17。

3.3.1.2 社会能力

社会能力是指一系列与他人和睦相处,在团体中发挥建设性作用的积极技能。父母会被问六个问题来评估他们孩子的社会能力,青少年需要回答九个问题。青少年还有三个附加问题,包括当他或她面对不同观点的时候是否可以控制自己的愤怒,和朋友讨论问题而没有让问题变得更糟,还有听取其他同学的想法。这些题项测试时使用的是频率量表和从"非常像我"到"非常不像我"的反应类型。

分析发现,问卷题项数量越多,其相应的内部一致性系数也越大,即青少年报告量表内部一致性系数(0.79)比父母报告量表的内部一致性系数(0.62)要高。然而,青少年报告量表和父母报告量表均具有良好的拟合指标。而且,两个量表都有很好的分布,所有亚组的心理测量指标都符合我们的标准。

青少年报告量表的社会能力和作为同时效度的四个测量指标之间存在显著的相关。特别是,处于社会能力最低四分位数的青少年更有可能报告他们打架、抽烟和抑郁症状。而学业成绩得A的比例在社会能力量表四组青少年中呈稳定增加的趋势。

总之,社会能力量表适合在调查中使用。

父母报告题项

请判断以下陈述在多大程度上描述你的孩子情况。(非常不像我的孩子……非常像我的孩子)

- 我的孩子会避免让其他孩子感到难堪。
- 如果我孩子的两个朋友发生争执,我的孩子会设法解决问题。
- 当我的孩子在小组中工作的时候,他/她会承担相应的任务。多久一次……(从来没有……一直)
- 你的孩子和不同种族、文化和宗教的人和睦相处吗?
- 你的孩子在公园、剧场、体育赛事中遵守规则吗?
- 你的孩子能尊重他人的观点吗,即使他/她意见不合?(见图3.4)

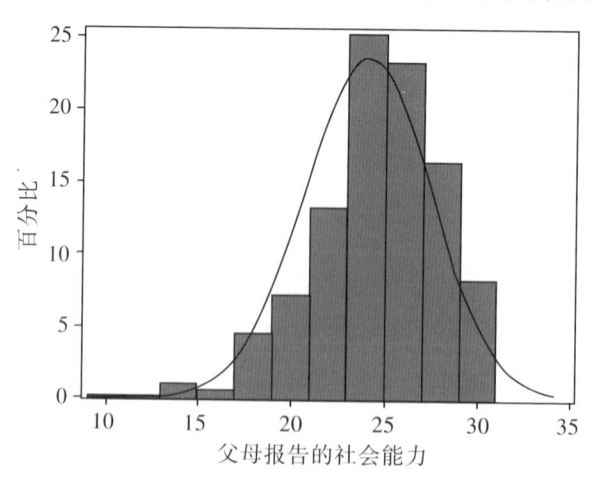

图3.4 父母报告的社会能力分布情况

Alpha=0.62,CFI=0.983,TLI=0.971,RMSEA=0.040

青少年报告题项

请判断以下陈述多大程度在描述你。(非常不像我……非常像我)

- 我会避免让其他孩子感到难堪。
- 如果我的两个朋友发生争执,我会设法解决问题。
- 当我在学校小组中工作的时候,我会承担我的任务。

请判断以下这些多久发生一次。多久一次……(从来没有……一直)

- 你能和不同种族、文化和宗教的人和睦相处吗?
- 你听从其他学生的想法吗?
- 当你的朋友持反对意见时,你能控制自己的愤怒吗?
- 你能和朋友讨论问题而没有将事情变得更糟吗?
- 当你在公园、剧院和体育赛事时,你会遵守规则吗?
- 你会尊重他人的观点吗,即使与你意见不合?(见图3.5)

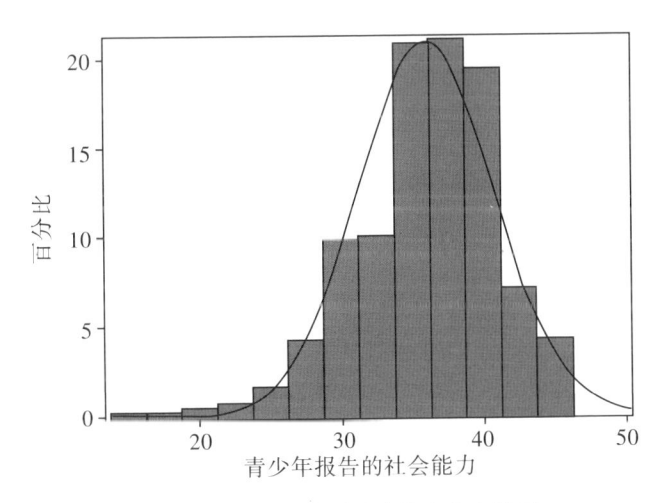

图3.5 青少年报告的社会能力分布情况
Alpha=0.79, CFI=0.986, TLI=0.981, RMSEA=0.042

各小组心理测量分析在各亚组中的评估情况见表3.4。

表3.4　社会能力亚组分析结果

	青少年性别		家庭收入		青少年年龄	
	男	女	低	高	12-14	15-17
青少年量表	√	√	√	√	√	√
父母量表	√	√	√	√	√	√

√表示模型在该亚组拟合良好。

同时效度见表3.5和图3.6。

表3.5　社会能力的同时效度

打架	抽烟	抑郁	成绩
−0.14***	−0.28***	−0.10**	0.12***

*在0.10水平上显著
**在0.05水平上显著
***在0.01水平上显著

四分位数

父母报告的社会能力量表分布如下（基于全国初步调查的加权数据）：四分位数1：≤22，四分位数2：23-24，四分位数3：25-27，四分位数4：>27。

青少年报告的社会能力量表分布如下（基于全国初步调查的加权数据）：四分位数1：≤33，四分位数2：34-37，四分位数3：38-39，四分位数4：>39。

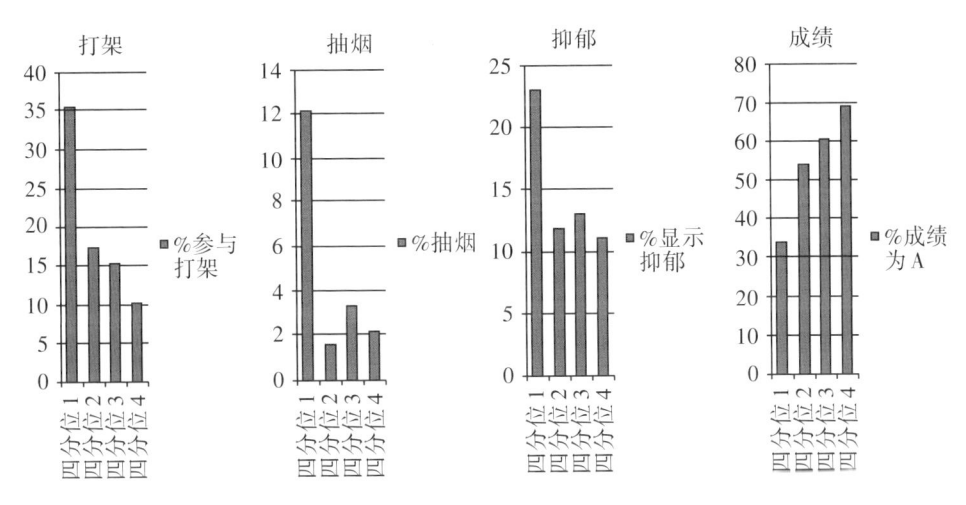

图 3.6　社会能力的同时效度
社会、健康、情绪和学业成绩在社会能力四分位数上的分布情况。

3.3.2　人际关系发展

3.3.2.1　亲子关系

这个量表评估了青少年和他的/她的父母之间的态度和互动的质量与类型。题项评估使用了频率量表（从来没……一直）。青少年报告的量表包括六个题项，内部一致性系数为 0.92。父母报告量表包括七个题项（一个附加题题项是"即使我的孩子知道我会失望，他/她仍然会设法帮我解决问题"），父母报告量表的内部一致性系数为 0.86。

这两个量表都有良好的拟合指标。数据分布虽呈正偏态，但整体上量表具有良好的数据分布情况。而且，青少年报告量表和四个结果变量存在非常显著的相关关系。除了女生组外，所有亚组拟合指数均符合我们的标准。父母报告量表的拟合指标在年龄较大青少年组和女生组不符合我们的标准。

总之，这个量表是可以使用的，尽管有必要对女生组持保留意见。我们还发现，青少年报告量表比父母报告量表具有更好的适用性，至少对 15-17 岁青少年是如此。

父母报告题项

请判断以下这些多久发生一次(从来没有……一直)

- 我告诉我的孩子,我为他/她感到自豪。
- 我对我孩子的活动很感兴趣。
- 当我的孩子跟我说话的时候我会倾听。
- 当我的孩子需要时,他/她可以依靠我。
- 我的孩子和我会讨论很重要的事情。
- 我的孩子很乐意和我分享他的/她的想法和感受。
- 即使我的孩子知道我很失望,他/她仍然设法帮我解决问题。(见图3.7)

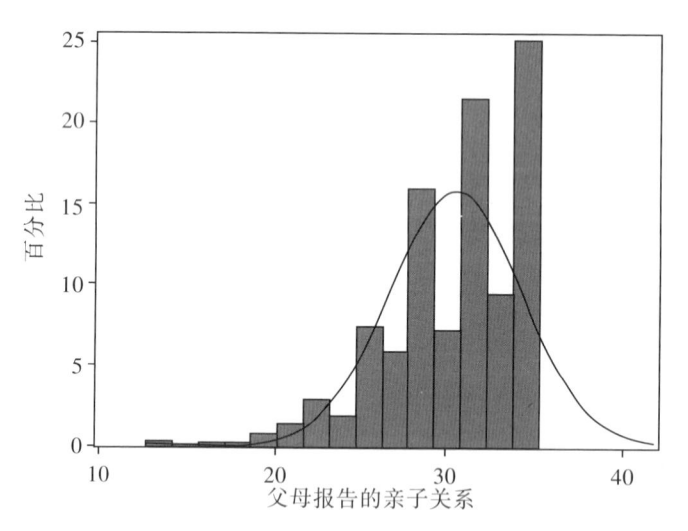

图3.7 父母报告的亲子关系分布情况
Alpha=0.86,CFI=0.994,TLI=0.986,RMSEA=0.070

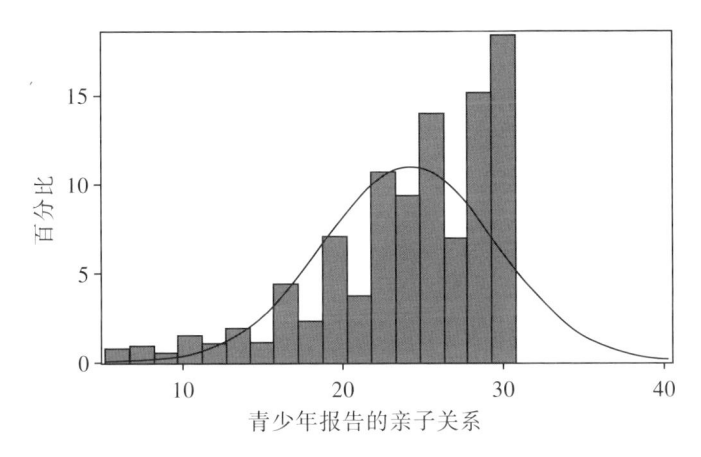

图 3.8 青少年报告的亲子关系分布情况
Alpha=0.92,CFI=0.999,TLI=0.997,RMSEA=0.053

青少年报告题项

下列每一项陈述,请告诉我多久发生一次。(从来没有……一直)

- 我的爸爸/妈妈告诉我,他/她为我感到自豪。
- 我的爸爸/妈妈对我的活动感兴趣。
- 当我和我的爸爸/妈妈说话时,他/她会倾听。
- 当我需要我的爸爸/妈妈的时候,我可以依靠他/她。
- 我的爸爸/妈妈会和我讨论很重要的事情。
- 我很乐意和我的爸爸/妈妈分享我的想法和感受(见图3.8)。

各小组心理测量分析在各亚组上的评估情况见表3.6。

表3.6 亲子关系亚组分析结果

	青少年性别		家庭收入		青少年年龄	
	男	女	低	高	12–14	15–17
青少年量表	√	—	√	√	√	√
父母量表	√	—	√	√	√	—

√表示模型在该亚组拟合良好。
—表示模型在该亚组拟合不良。

同时效度见表3.7和图3.9。

表3.7 亲子关系的同时效度

打架	抽烟	抑郁	成绩
−0.09***	−0.09***	−0.12***	0.03**

*在0.10水平上显著
**在0.05水平上显著
***在0.01水平上显著

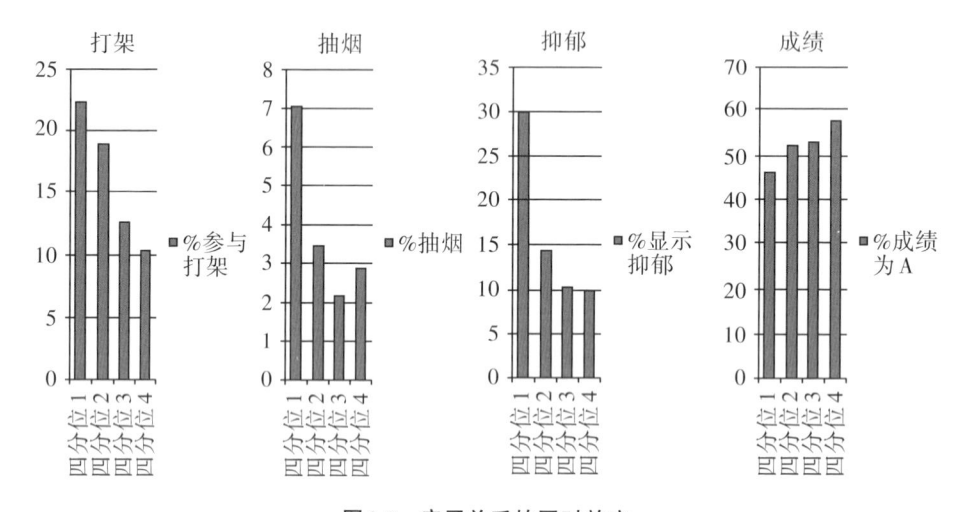

图3.9 亲子关系的同时效度
社会、健康、情绪和学业成绩在亲子关系四分位数上的分布情况。

四分位数

父母报告的亲子关系量表分布如下(基于全国初步调查的加权数据):四分位数1:≤28,四分位数2:29-31,四分位数3:32-34,四分位数4:>34。

青少年亲子关系量表分布如下(基于全国初步调查的加权数据):四分位数1:≤21,四分位数2:22-25,四分位数3:26-29,四分位数4:>29。

3.3.2.2 同伴友谊

这个构念包括有关成为朋友(Being a friend)和拥有朋友的(Having friends)

题项。题项内容主要是评定信任、忠诚、情感、陪伴以及支持和鼓励。父母总共需要报告十一个题项,其中包括四个描述成为朋友的题项和七个关于拥有朋友的题项。青少年总共需要报告十三个题项,即分别需要报告五个和八个题项。使用"非常像我"的反应量表。

父母报告量表和青少年报告量表都有很好的信度和心理测量特征。具体而言,父母报告的量表内部一致性系数是0.86,青少年报告量表的内部一致性系数是0.91。

对于亚组来说,心理测量分析反映了青少年报告中存在的一些问题。实际上,这个量表只在高家庭收入青少年组符合我们的标准。而父母报告的量表在男生组、高家庭收入组和孩子年龄更小的父母组符合我们的标准。

令人惊讶的是,青少年报告量表和任何一个作为同时效标的四个结果变量的相关都不显著。进一步分析(没有呈现出来)表明,评定成为朋友的五个题项和结果变量有显著的相关,但是评定拥有朋友的分量表和任何结果变量相关均不显著。虽然有人可能会提出理由认为拥有和成为朋友本质上都是非常重要的,并不需要与其他行为相关联,但是采用其他行为来评估这个量表的效度将是很有助益的。另一方面,有人会指出大多数青少年都有这样或那样的朋友,意味着仅仅拥有朋友可能没有成为好朋友那么重要。

总之,调查中我们考虑采用评定成为朋友的父母报告的四个题项和青少年报告的五个题项,而那些评定拥有朋友的题项用处不大。

父母报告题项

请判断以下陈述多大程度上在描述你的孩子。(非常不像我的孩子……非常像我的孩子)

- 我的孩子发现交朋友是很困难的。
- 我的孩子发现维持朋友关系是很困难的。
- 我的孩子会支持他的/她的朋友。

- 我的孩子会利用他的/她的朋友。

请判断你多大程度上同意或者不同意以下陈述。我的孩子有这样一个朋友...（非常同意……非常不同意）

- 当他/她消沉的时候帮助他/她。
- 会给他/她好的建议。
- 帮助他/她去做他/她需要做的事情。
- 使他/她对他自己/她自己感觉良好。
- 会做一些事情以表明他/她很关心他/她。
- 可以和他/她一起做开心的事情。
- 他/她是可以依靠的人。（见图3.10）

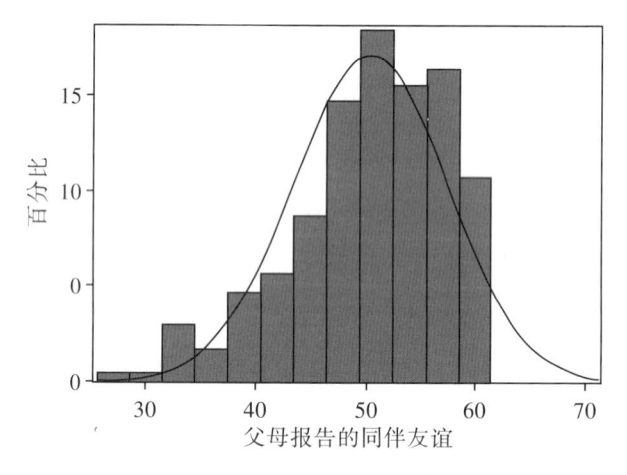

图3.10　父母报告的同伴友谊分布情况
Alpha=0.86, CFI=0.995, TLI=0.993, RMSEA=0.061

青少年报告题项

请判断以下陈述多大程度上在描述你。（非常不像我……非常像我）

- 当我的朋友做正确的事情时，我会支持他/她。
- 我鼓励我的朋友做最好的他们。
- 我帮助好朋友让他们对自己感觉良好。

- 当我的朋友需要我时,我会提供支持。
- 如果其他孩子给我的朋友找麻烦时,我会坚决支持我的朋友。

请判断你在多大程度上同意或者不同意以下陈述。我有一个这样的朋友。(非常同意……非常不同意)

- 当我消沉的时候帮助我。
- 会给我好的建议。
- 会做一些事情让我知道他/她在关心我。
- 和我一起做开心的事情。
- 我可以依靠。
- 我可以和他/她谈论学校或家里遇到的问题。
- 帮助我做一些我需要去做的事情。
- 使我自我感觉良好。(见图3.11)

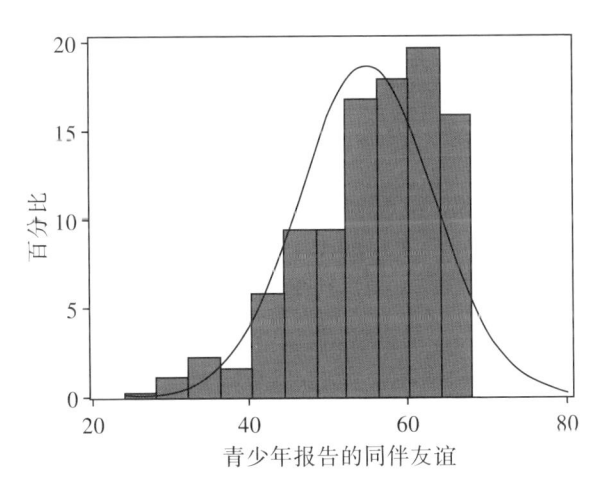

图3.11 青少年报告的同伴友谊分布情况
Alpha=0.91,CFI=0.995,TLI=0.993,RMSEA=0.066

心理测量分析在各亚组中的评估情况见表3.8。

表3.8 同伴友谊亚组分析结果

	青少年性别 男	青少年性别 女	家庭收入 低	家庭收入 高	青少年年龄 12-14	青少年年龄 15-17
青少年量表	—	—	N/A	√	—	—
父母量表	√	—	—	√	√	—

√ 表示模型在该亚组拟合良好。
— 表示模型在该亚组拟合不良。
N/A 因数据限制该亚组无法进行拟合分析。

同时效度见表3.9。

表3.9 同伴友谊的同时效度

打架	抽烟	抑郁	成绩
−0.01	−0.04	−0.02	0.01

*在0.10水平上显著
**在0.05水平上显著
***在0.01水平上显著

四分位数

父母报告的同伴友谊量表分布如下(基于全国初步调查的加权数据):四分位数1:≤47,四分位数2:48-52,四分位数3:53-56,四分位数4:>56。

青少年报告的同伴友谊量表分布如下(基于全国初步调查的加权数据):四分位数1:≤49,四分位数2:50-57,四分位数3:58-62,四分位数4:>62。

我们可以根据成为朋友的第一组题项创建一个亚量表。父母报告的成为朋友分量表的加权分布为:四分位数1:≤20,四分位数2:21-22,四分位数3:23,四分位数4:>23。青少年报告的成为朋友分量表的加权分布为:四分位数1:≤19,四分位数2:20-21,四分位数3:22-24,四分位数4:>24。

3.3.3 学校和工作的发展

3.3.3.1 勤勉尽责

这个构念评定了青少年遵守承诺和责任,且能够自始至终、全心全意地投入到任务的完成过程的程度。勤勉尽责是通过对父母和孩子很相似的七个题项进行评定的,并采用频率量表进行计分("从来没有"到"一直")。

该量表具有良好信度指标,父母报告的量表内部一致性系数是0.89,青少年报告的量表内部一致性系数是0.79。此外,所有心理测量拟合指标都非常好,量表数据的分布也很好。勤勉尽责得分越高的青少年报告了更少的打架、抽烟、抑郁,并且有更好的学习成绩。

亚组分析表明,除了有较高家庭收入的青少年组,青少年报告的量表在青少年中具有良好的适用性。父母报告的量表仅在男生组符合我们的标准,而除了年龄小的青少年组数据无法进行分析外,其余亚组均不符合我们的标准。这表明青少年报告的量表可能是一种更好的选择。此外,父母报告的量表虽然在总体样本的信度和分布方面表现良好,但需要注意的是它在大部分亚组上都不起作用。

父母报告题项

多长时间一次……(从来没有……一直)

- 你的孩子比他/她的同龄人工作更努力?
- 你的孩子尽可能地避免多做工作?
- 你的孩子做事有始有终?
- 你的孩子感觉完成由他/她开始的工作很困难?
- 当事情遇到困难时,你的孩子会放弃?
- 别人可以指望你的孩子完成任务?
- 你的孩子说到做到?(见图3.12)

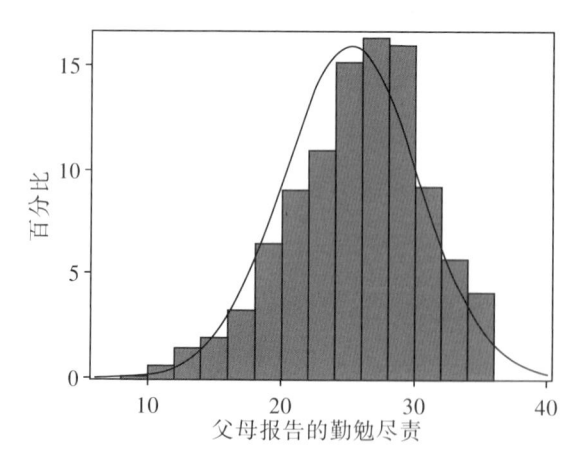

图3.12 父母报告的勤勉尽责的分布情况
Alpha=0.89, CFI=0.995, TLI=0.986, RMSEA=0.086

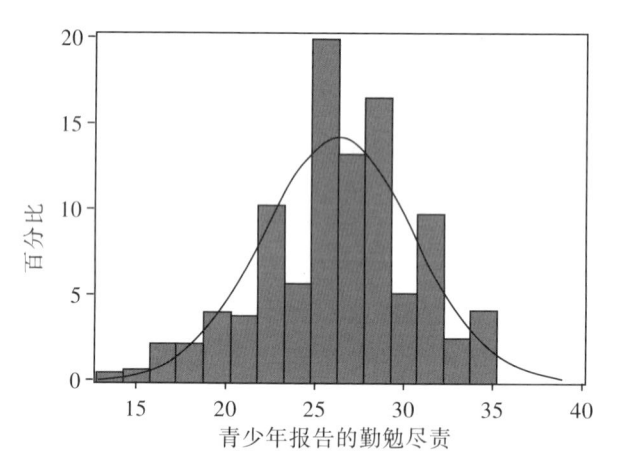

图3.13 青少年报告的勤勉尽责的分布情况
Alpha=0.79, CFI=0.994, TLI=0.983, RMSEA=0.069

青少年报告题项

多长时间一次……(从来没有……一直)

- 你比同龄人工作更努力?
- 你会尽可能地避免做多的工作?

- 你做事有始有终？
- 完成由你开始的工作对你来说很困难？
- 当事情遇到困难时,你会放弃？
- 别人可以指望你把任务完成？
- 你说到做到？(见图 3.13)

心理测量分析在各亚组中的评估情况见表 3.10。

表 3.10 勤勉尽责亚组分析结果

	青少年性别		家庭收入		青少年年龄	
	男	女	低	高	12-14	15-17
青少年量表	√	√	√	—	√	√
父母量表	√	—	—	—	N/A	—

√表示模型在该亚组拟合良好。
—表示模型在该亚组拟合不良
N/A 表示因数据限制该亚组无法进行拟合分析。

同时效度见表 3.11 和图 3.14。

表 3.11 勤勉尽责的同时效度

打架	抽烟	抑郁	成绩
−0.13***	−0.17***	−0.13***	0.18***

*在 0.10 水平上显著
**在 0.05 水平上显著
***在 0.01 水平上显著

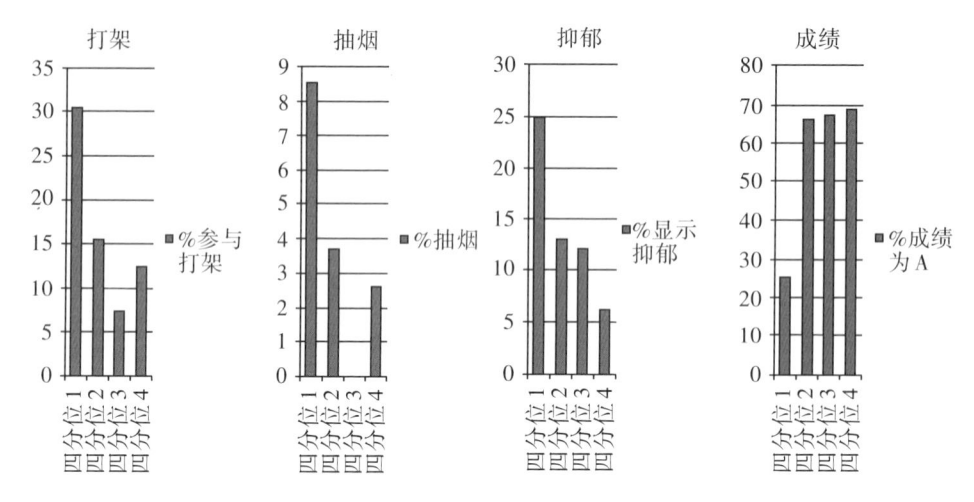

图 3.14 勤勉尽责的同时效度

根据社会、健康、情感和学业成绩划分的勤勉尽责四分位数上的分布情况。

四分位数

父母报告的勤勉尽责量表分布如下（基于全国初步调查的加权数据）：四分位数 1：≤22，四分位数 2：23-26，四分位数 3：27-29，四分位数 4：>29。

青少年报告的勤勉尽责量表分布如下（基于全国初步调查的加权数据）：四分位数 1：≤24，四分位数 2：25-27，四分位数 3：28-29，四分位数 4：>29。

3.3.3.2 教育投入

教育投入的构念包括三种类型的投入。认知投入包括好奇心、超越基础知识的意愿以及在学习上投入的时间和精力。情感投入反映了对学习充满活力，关心在校的良好表现，以及将学生身份认同置于最重要地位。行为投入是指积极投身学习中，没有出现学校问题行为，以及积极参与学校有关的活动。

父母和孩子使用频率选项类别报告了六个相似的问题。每一个量表都有很好的分布、很好的内部一致性系数，以及良好的拟合指数。另外，有较多教育投入的学生更不太可能出现打架、抽烟以及抑郁等问题。同时，正如人们所预料的,那些较高教育投入的学生也更有可能在学习成绩中得到 A。具体而言,教育投入较高的学生学业成绩得到 A 的可能性比教育投入较低的学生高出 40%。当然,我们也注意到这一结果来自横向研究,所以还难以给出确切的因果关系。

亚组的心理测量分析结果表明,量表对于年龄更小的青少年组和低收入家庭的青少年组具有良好的拟合指标。由于其余青少年亚组缺少数据分布,所以无法进行分析。对于父母报告的量表则在所有亚组中均拟合较好,这一结果表明父母可能是青少年教育投入情况的较好的报告者。

总之,这个量表符合大部分但不是所有的测量标准。具体而言,拟合指标分析对青少年大部分亚组并不成功。然而,青少年报告的结果却和四个测量结果之间存在强烈的相关关系。在更大青少年样本量中评估该量表可能就非常必要。教育投入测量推荐使用父母报告,而对青少年报告量表持保留意见。

父母报告题项

你的孩子多久一次……(从来没有……一直)

- 在意在学校的表现?
- 在上课时集中注意力?
- 毫无准备地去上课?

请判断下列陈述你在多大程度上同意或不同意(非常同意……非常不同意)

- 如果某物引发了我孩子的兴趣,他/她会尽力去更多地了解它。
- 我的孩子认为他/她在学校学习的东西很有用。
- 我的孩子认为学生身份是他/她自我的最重要组成部分。(见图 3.15)

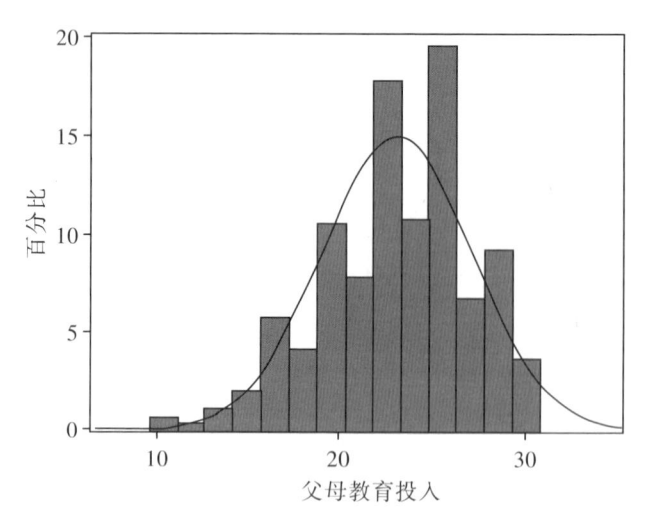

图3.15 父母教育投入分布情况
Alpha=0.80,CFI=0.999,TLI=0.998,RMSEA=0.026

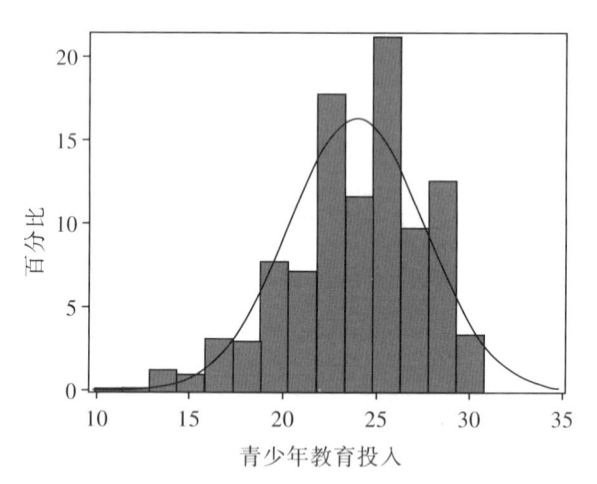

图3.16 青少年教育投入分布情况
Alpha=0.72,CFI=0.996,TLI=0.990,RMSEA=0.043

青少年报告题项

请判断下列陈述在这个学年多久发生一次。你多久一次……(从来没有……一直)

- 你在意在学校的表现?
- 你在上课时集中注意力?
- 你毫无准备地去上课?

请判断下列陈述你在多大程度上同意或不同意(非常同意……非常不同意)

- 如果某物引发了我的兴趣,我会尽力去更多地了解它。
- 我认为我在学校学习的东西很有用。
- 我相信成为学生身份是我最重要的组成部分。(见图3.16)

心理测量分析在各亚组中的评估情况见表3.12。

表3.12 教育投入亚组分析结果

	青少年性别		家庭收入		青少年年龄	
	男	女	低	高	12-14	15-17
青少年量表	N/A	N/A	√	N/A	√	N/A
父母量表	√	√	√	√	√	√

√表示模型在该亚组拟合良好。
N/A表示因数据限制该亚组无法进行拟合分析。

同时效度见表3.13和图3.17。

表3.13 教育投入的同时效度

打架	抽烟	抑郁	成绩
−0.15***	−0.21***	−0.14***	0.19***

*在0.10水平上显著
**在0.05水平上显著
***在0.01水平上显著

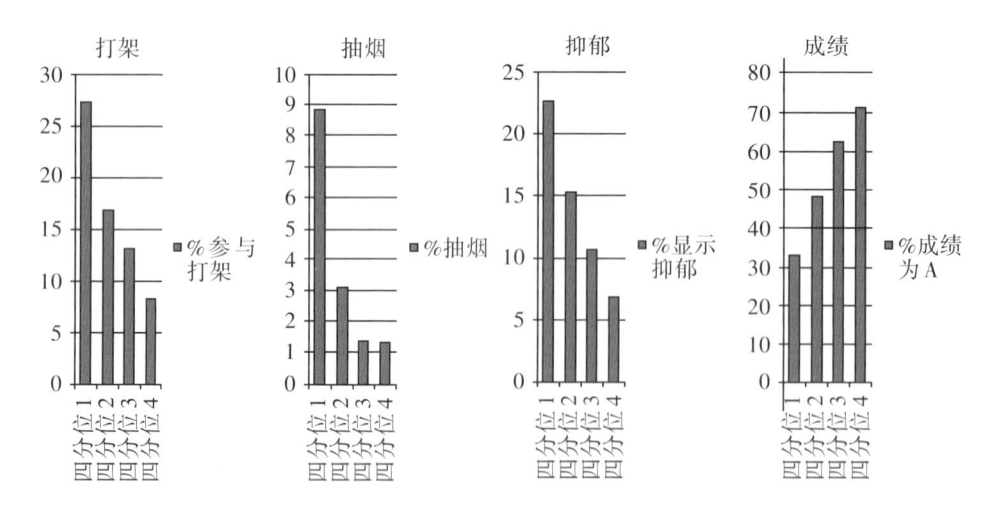

图 3.17　教育投入的同时效度

社会、健康、情绪和学业成绩在教育投入四分位数上的分布情况。

四分位数

父母报告的教育投入量表分布如下（基于全国初步调查的加权数据）：四分位数1：≤21，四分位数2：22-24，四分位数3：25-26，四分位数4：>26。

青少年报告的教育投入量表分布如下（基于全国初步调查的加权数据）：四分位数1：≤22，四分位数2：23-24，四分位数3：25-27，四分位数4：≥27。

3.3.3.3 主动性

善于发挥主动性的青少年更愿意为成功而努力奋斗，富有创新精神，以及对新经验具有开放的态度。他们乐于成为领导者，并进行合理的冒险，他们也具有创业精神。父母和孩子回答使用"非常像我"到"非常不像我"的选项类别来回答四个题项。

这些简短量表具有很好的内部一致性系数，父母报告量表的内部一致性系数是0.73，青少年报告量表的内部一致性系数是0.70，并且具有较好的拟合指标。此外，除父母报告的男孩组和年龄较小的青少年组外，12个亚组中有10个具有良好的拟合指标。主动性和打架没有显著的相关性，和其他三个同时效度测量指标有显著的相关。具体而言,青少年主动性得分与抽烟行为呈边缘显著的负相关,与抑郁和无助呈显著的负相关,与学业成绩为 A 呈显著的正相关。

总之,除一个青少年亚组和一个父母亚组不符合标准外,这些简短量表具有良好的统计指标。

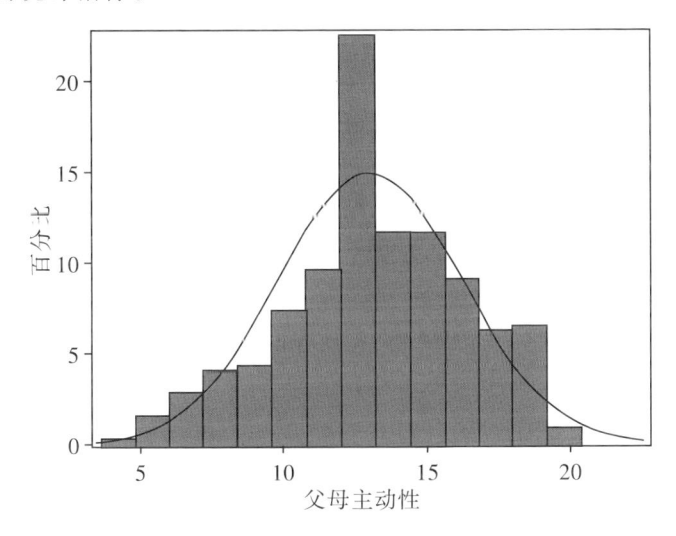

图3.18 父母主动性的分布情况
Alpha=0.73,CFI=1.000,TLI=0.998,RMSEA=0.024

父母报告题项

请判断陈述多大程度在描述你的孩子。(非常不像我的孩子……非常像我的孩子)

·我的孩子为了达到他/她的目标乐意冒险。
·当我的孩子做某件事的时候,他/她会竭尽全力。
·我的孩子喜欢想出新的方法去解决问题。
·我的孩子是领导者,而不是追随者。(见图3.18)

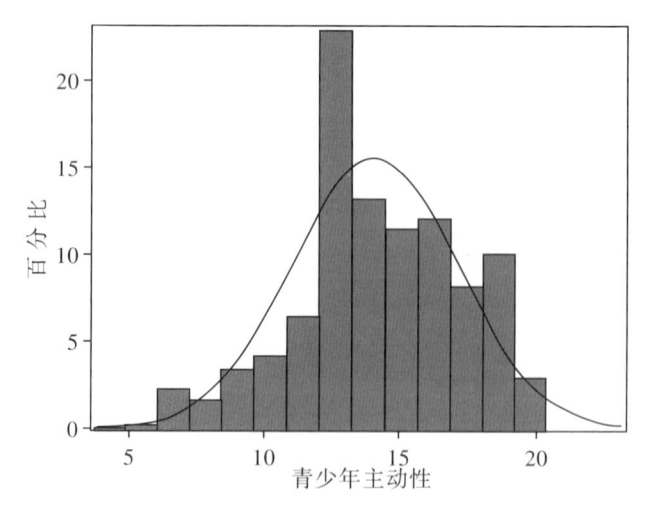

图 3.19　青少年主动性的分布情况
Alpha=0.70,CFI=0.982,TLI=0.975,RMSEA=0.064

青少年报告题项

请判断陈述多大程度在描述你自己。(非常不像我……非常像我)

· 我为了达到我的目标乐意冒险。

· 当我做某件事的时候,我会竭尽全力。

· 我喜欢想出新的方法去解决问题。

· 我是领导者,而不是追随者。(见图 3.19)

心理测量分析在各亚组中的评估情况见表 3.14。

表 3.14　主动性的亚组分析结果

| | 青少年性别 || 家庭收入 || 青少年年龄 ||
	男	女	低	高	12-14	15-17
青少年量表	√	√	√	√	—	√
父母量表	—	√	√	√	√	√

√表示模型在该亚组拟合良好。
—表示模型在该亚组拟合不良

同时效度见表 3.15 和图 3.20。

表 3.15　主动性的同时效度

打架	抽烟	抑郁	成绩
−0.04	−0.10*	−0.09**	0.20***

*在 0.10 水平上显著
**在 0.05 水平上显著
***在 0.01 水平上显著

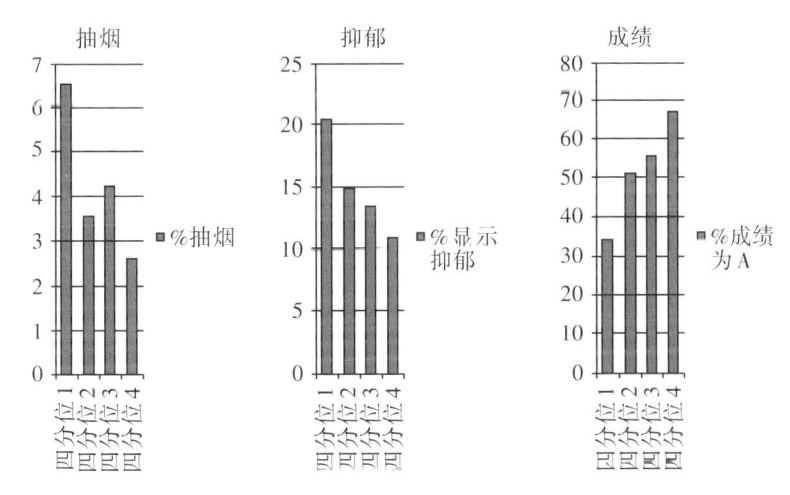

图 3.20　主动性的同时效度
健康、情绪和学业成绩在积极主动四分位数上的分布情况。

四分位数

父母报告的主动性量表的分布如下(基于全国初步调查的加权数据)：四分位数 1：≤11，四分位数 2：12-13，四分位数 3：14-15，四分位数 4：>15。

青少年报告的主动性量表的分布如下(基于全国初步调查的加权数据)：四分位数 1：≤12，四分位数 2：13-14，四分位数 3：15-16，四分位数 4：>16。

3.3.3.4 节俭

节俭是指个体有效利用时间和金钱，并为达成短期的或长期目标而自我克制的能力和倾向。这个构念将通过父母和孩子回答四个相似的问题进行评估,采用"非常像我……非常不像我"反应量表。

该量表具有良好的内部一致性系数(父母报告量表为0.76和青少年的0.72)和良好的心理测量学指标。重要的是,正如条形图所描述的那样,该量表的分数分布很好(见图3.21和3.22)。此外,节俭量表得分和四个测量指标——抽烟、打架、抑郁和学习成绩获得A存在显著的相关。

各亚组的心理测量分析结果表明,青少年报告的节俭量表在所有亚组中均具有良好的适用性。而父母报告的量表在低家庭收入组和年龄较小的青少年组的拟合指标无法进行计算,但在其他四个亚组具有良好的拟合指标。

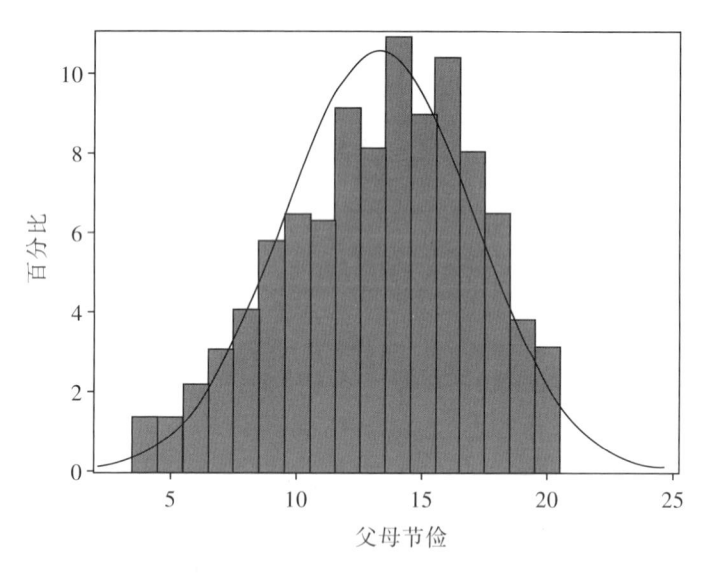

图3.21　父母报告的节俭分布情况
Alpha=0.76,CFI=1.000,TLI=1.001,RMSEA=0.000

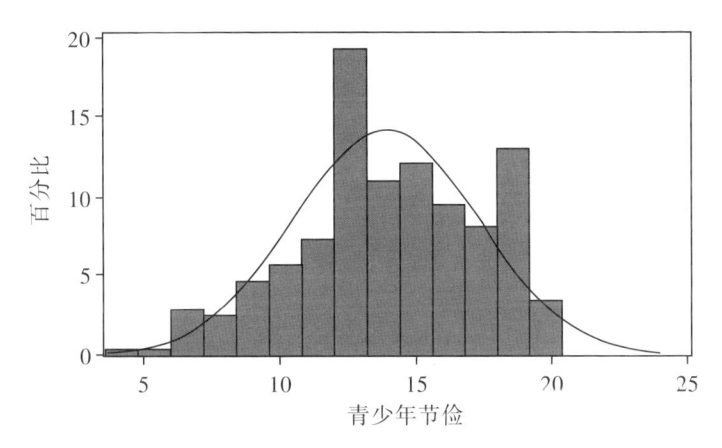

图 3.22　青少年报告的节俭分布情况
Alpha=0.72, CFI=0.999, TLI=0.998, RMSEA=0.037

总的来说，考虑到所有因素，父母报告的节俭量表尤其是青少年报告的节俭量表可以用于未来研究中。

父母报告题项

请判断以下陈述多大程度上在描述你的孩子(非常不像我的孩子……非常像我的孩子)

- 我的孩子知道如何管理他的/她的时间。
- 我的孩子会买一些东西，即使他/她知道那些东西很贵。
- 我的孩子会推迟购买东西，这样他/她就可以为未来积蓄。
- 我的孩子对如何花他/她的钱很谨慎。

青少年报告题项

请判断以下陈述多大程度上在描述你自己(非常不像我…非常像我)

- 我知道如何管理我的时间。
- 我会买一些东西，即使我知道那些东西很贵。
- 我会推迟购买东西，这样我就能为未来积蓄。
- 我对如何花我的钱很谨慎。

心理测量分析在各亚组中的评估情况见表3.16。

表3.16 节俭量表亚组分析结果

	青少年性别		家庭收入		青少年年龄	
	男	女	低	高	12—14	15—17
青少年量表	√	√	√	√	√	√
父母量表	√	√	N/A	√	N/A	√

√表示模型在该亚组拟合良好。

N/A表示因数据限制该亚组无法进行拟合分析。

同时效度见表3.17和图3.23。

表3.17 节俭的同时效度

打架	抽烟	抑郁	成绩
−0.12***	−0.27***	−0.07***	0.14***

*在0.10水平上显著

**在0.05水平上显著

***在0.01水平上显著

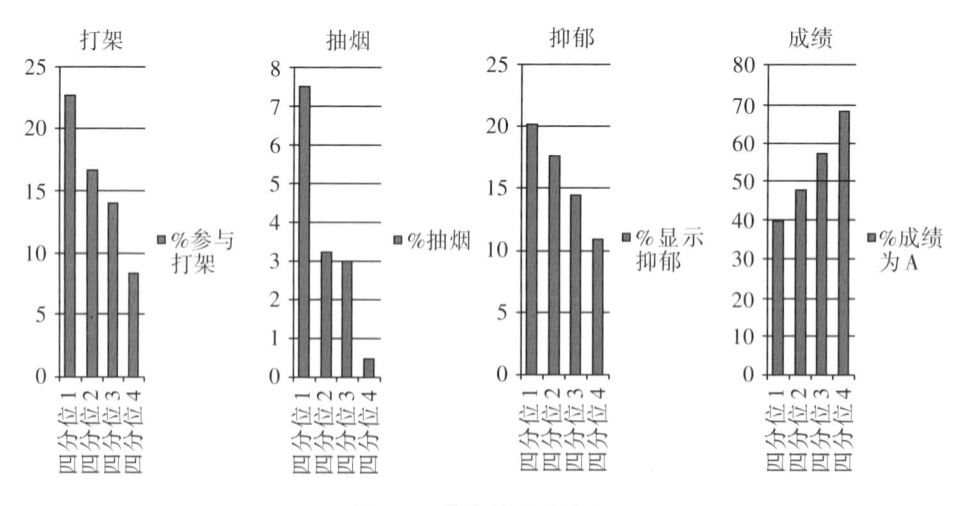

图3.23 节俭的同时效度

社会、健康、情绪和学业成绩在节俭四分位数上的分布情况。

四分位数

父母报告的节俭量表分布如下(基于全国初步调查的加权数据):四分位数1:≤11,四分位数2:12-14,四分位数3:15-16,四分位数4:>16。

青少年报告的节俭量表分布如下(基于全国初步调查的加权数据):四分位数1:≤11,四分位数2:12-14,四分位数3:15-17,四分位数4:>17。

3.3.3.5 诚信正直

这个构念评估一个青少年是否值得信赖,坚持他的/她的原则,并且信守承诺。这也是指青少年具有道德感和正直的行为,包括尊重他人的财产和隐私。父母和青少年会被要求回答五个问题来评定诚信正直,评估使用频率反应量表。

父母和青少年报告量表的内部一致性系数分别为0.89和0.79,这一结果反映了很好的内部信度。量表的拟合指标也都很好。然而,由于很少青少年被描述为诚信正直感较低,数据分布呈正偏态。那些诚信正直得分较低的青少年,特别处于最低四分位数组的青少年,他们打架、抽烟和抑郁等方面的发生率较高,并且学业成绩也不大可能获得A。此外,所有亚组的拟合指数都符合我们的标准。

总之,除了很少存在青少年诚信正直得分较低的情况外,所有其他指标都表明五题项的诚信正直量表具有很好的适用性。

父母报告题项

请判断下列陈述多久发生一次。多久一次……(从来没有……一直)

- 其他人能够信任你的孩子?
- 你的孩子信守承诺?
- 即使处境困难,你的孩子仍能坚持他的/她的价值观?
- 你的孩子能够被期望说真话?
- 你的孩子有一种强烈的是非观念?(见图3.24)

青少年报告题项

请判断下列陈述多久发生一次。多久一次……(从来没有……一直)

- 其他人能够信任你？
- 你信守承诺？
- 即使处境困难,你仍能坚持你的价值观？
- 你能够被期望说真话？
- 你有一种强烈的是非观念？(见图3.25)

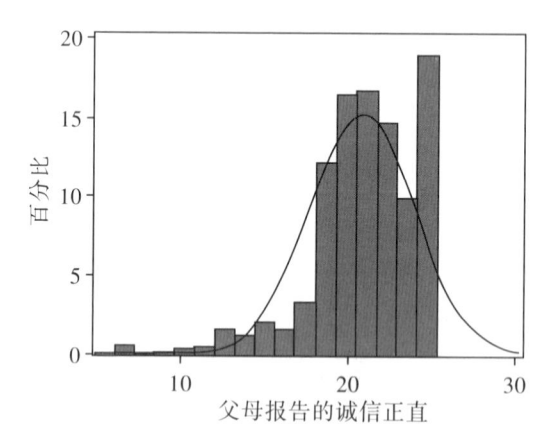

图3.24　父母报告的诚信正直分布情况
Alpha=0.89, CFI=0.998, TLI=0.994, RMSEA=0.072

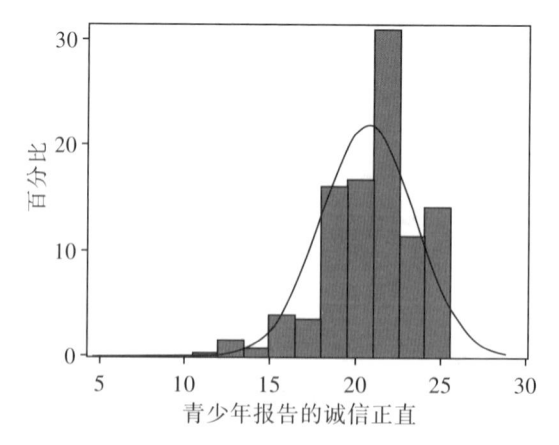

图3.25　青少年报告的诚信正直分布情况
Alpha=0.79, CFI=1.000, TLI=1.001, RMSEA=0.000

心理测量分析在各亚组中的评估情况见表3.18。

表3.18 诚信正直量表亚组分析结果

	青少年性别		家庭收入		青少年年龄	
	男	女	低	高	12–14	15–17
青少年量表	√	√	√	√	√	√
父母量表	√	√	√	√	√	√

√表示模型在该亚组拟合良好。

同时效度见表3.19和图3.26。

表3.19 诚信正直的同时效度

打架	抽烟	抑郁	成绩
−0.18***	−0.28***	−0.18***	0.20***

*在0.10水平上显著
**在0.05水平上显著
***在0.01水平上显著

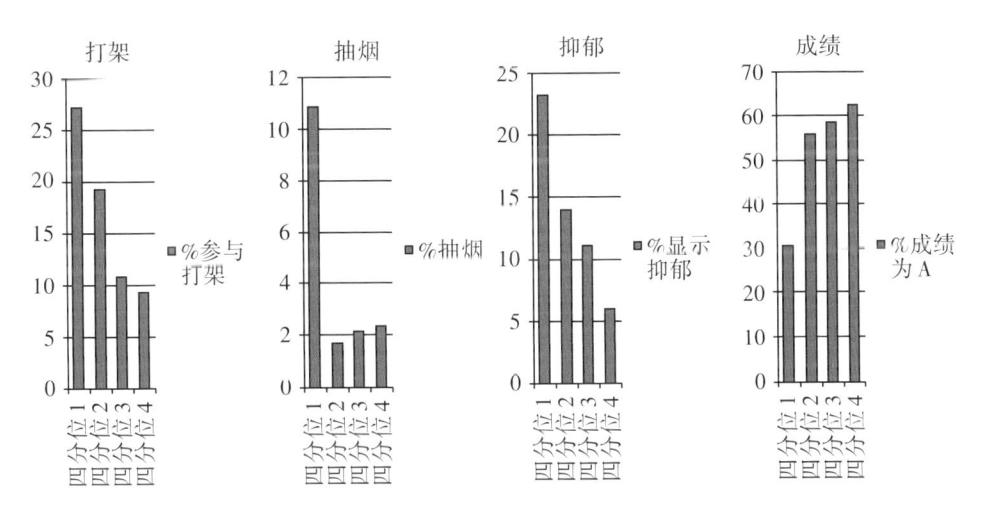

图3.26 诚信正直的同时效度
社会、健康、情绪和学业成绩在诚信正直四分位数上的分布情况

四分位数

父母报告的诚信正直量表分布如下（基于全国初步调查的加权数据）：四分位数1：≤20，四分位数2：21，四分位数3：22-23，四分位数4：>23。

青少年报告的诚信正直量表分布如下（基于全国初步调查的加权数据）：四分位数1：≤19，四分位数2：20-21，四分位数3：22-23，四分位数4：>23。

3.3.4 助人成长

3.3.4.1 利他行为

这里利他行为是将他人幸福感放在高于或者等同于自己幸福感的位置，或者是在思想上和行动上不考虑自己的幸福感。

我们开发了四个题项用以测量青少年的利他行为这个构念，采用"非常像我……非常不像我"的反应量表进行评估。该量表具有很好的内部信度，父母报告量表的内部一致性系数为0.85，青少年报告量表的内部一致性系数是0.80。这些数据也有很好的分布，在总体样本上的拟合指数都超出了我们的标准。亚组分析表明，所有青少年亚组的拟合指数均符合我们的标准，但是有一个父母亚组（即年龄较大青少年组）不符合我们的标准。

有趣的是，利他行为只和四个测量效标中的一个指标——抑郁症状具有相关。然而这里评估的幸福感指标可能并不是那些与利他行为有着联系的指标，他们的评估更强调个体幸福感，而不是针对提升他人幸福感的活动。同样，量表虽然对青少年和父母都适用，但亚组分析结果表明该变量测量青少年报告可能比父母报告会更好，至少对年龄较大青少年而言是如此。

关于父母报告量表需要谨慎，并且有必要对该量表的同时效度做进一步的分析，这个量表似乎在其他效标上会有更好的适用性。

父母报告题项

请判断下列陈述在多大程度上描述你的孩子(非常不像我的孩子……非常像我的孩子)

- 我的孩子总是不厌其烦地帮助他人。
- 即使会需要他/她的很多时间,我的孩子也会帮助他人。
- 即使是一个完全陌生的人,我的孩子也会帮助他。
- 即使他/她面临困难,我的孩子也会帮助他人。(见图3.27)

青少年报告题项

请判断下列陈述在多大程度上描述你自己(非常不像我……非常像我)

- 我总是不厌其烦地帮助他人。
- 即使会需要我很多时间,我也会帮助他人。
- 即使是一个完全陌生的人,我也会帮助他。
- 即使我面临困难,我也会帮助他人。(见图3.28)

在这里报告一个慷慨题项分析的相关结果,更详细的讨论请见慷慨/帮助家人和朋友的内容部分。在我们评估一个构念在多大程度上独立于另一个构念时,我们发现两个评定慷慨的题项在利他行为上具有更高的载荷。这两个题项分别是"我的孩子喜欢和他人分享"和"我的孩子会主动为他人做好事"。量表使用者可能会选择将这两个题项加入调查中,但是这里的分析结果表明,这么做是没有必要的。

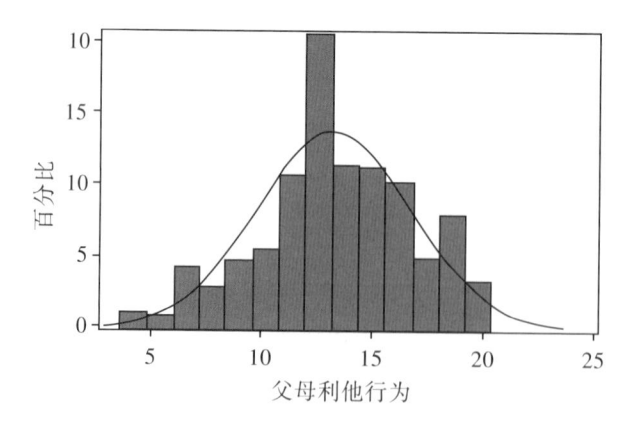

图 3.27　父母利他行为分布情况

Alpha=0.85, CFI=1.000, TLI=0.999, RMSEA=0.050

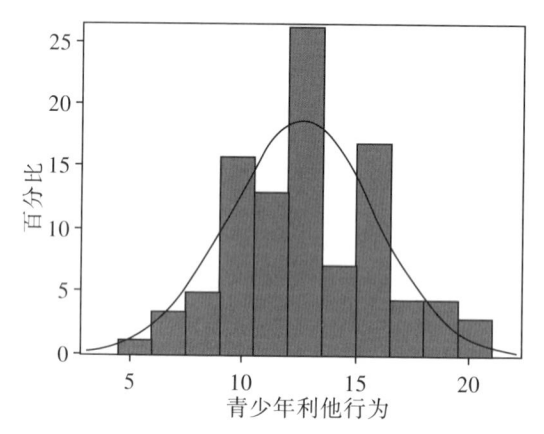

图 3.28　青少年利他行为分布情况

Alpha=0.80, CFI=0.998, TLI=0.995, RMSEA=0.047

心理测量分析在各亚组中的评估情况见表 3.20。

表 3.20　利他行为亚组分析结果

	青少年性别		家庭收入		青少年年龄	
	男	女	低	高	12-14	15-17
青少年量表	√	√	√	√	√	√
父母量表	√	√	√	√	√	—

√表示模型在该亚组拟合良好；
—表示模型在该亚组拟合不良。

同时效度见表 3.21 和图 3.29。

表 3.21　利他行为的同时效度

打架	抽烟	抑郁	成绩
−0.06	−0.02	−0.08*	0.03

*在 0.10 水平上显著
**在 0.05 水平上显著
***在 0.01 水平上显著

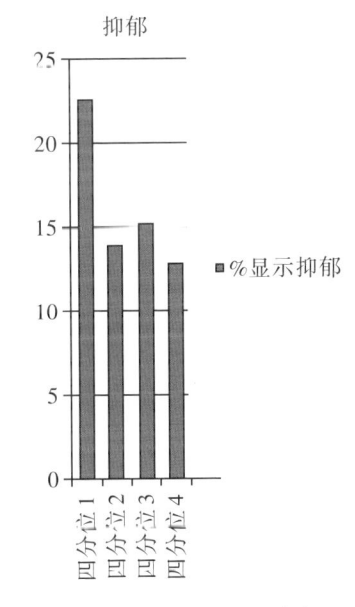

图 3.29　利他行为的同时效度
情感在利他行为四分位数上的分布情况。

四分位数

父母报告的利他行为量表分布如下（基于全国初步调查的加权数据）：四分位 1：≤11，四分位数 2：12-14，四分位数 3：15-16，四分位数 4：>16。

青少年报告的利他行为量表分布如下（基于全国初步调查的加权数据）：四分位数 1：≤10，四分位数 2：11-12，四分位数 3：13-15，四分位数 4：>15。

3.3.4.2 慷慨/帮助家人朋友

慷慨包括给予时间、精力或物质。但是这些行动都应该是自愿的,没有附带条件,应该是基于个人的内部动机,关于这些行动个人应该有积极的或者至少是中立的态度。为评估慷慨程度,父母和青少年被要求回答六个相似的问题,使用"非常像我……非常不像我"的反应类型。

当我们分析这一量表是否独立或者和其他量表有重合时,结果发现有两个题项在利他行为量表上的载荷值比在慷慨量表上更高。这些题项分别是"我的孩子喜欢和他人分享"和"我的孩子会主动为他人做好事"。排除了这两个题项,量表就偏向于评估青少年帮助家人和朋友意愿的四个题项。虽然指向这些题项的量表并不符合慷慨的完整定义,但是却可以开发出一个帮助家人和朋友的量表。

这些发现表明,既然其中的两个题项实际上测量的是利他行为,所以原本六题项的慷慨量表并没有达到预定的目的。所以,我们得出结论,即我们不推荐使用慷慨量表。

不过,值得注意的是,测量"帮助家人朋友"的四题项量表可以被改编成四个更为具体的题项。这一量表的拟合指标是适当的。

父母报告题项

请判断下列陈述多大程度上在描述你的孩子……(非常不像我的孩子……非常像我的孩子)

- 当我的孩子帮助朋友时,他/她希望得到某种回报。
- 如果需要的话,我的孩子很乐意减少为他/她自己购买东西来帮助我们的家庭。
- 如果需要的话,我的孩子很乐意放弃活动和旅行来帮助我们的家庭。
- 如果需要的话,我的孩子很乐意放弃他/她的自由时间来帮忙做家务(见图3.30)。

青少年报告题项

请判断下列陈述多大程度上在描述你自己。(非常不像我……非常像我)

- 当我帮助朋友时,我希望得到某种回报。
- 如果需要的话,我很乐意减少为自己购买东西来帮助我的家庭。
- 如果需要的话,我很乐意放弃活动和旅行来帮助我的家庭。
- 如果需要的话,我很乐意放弃我的自由时间来帮忙做家务(见图3.31)。

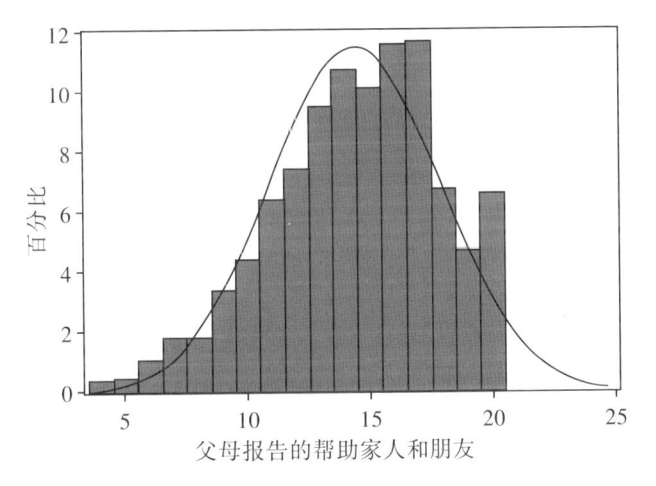

图3.30 父母报告的帮助家人朋友分布情况
Alpha=0.77, CFI=1.000, TLI=1.000, RMSEA=0.025

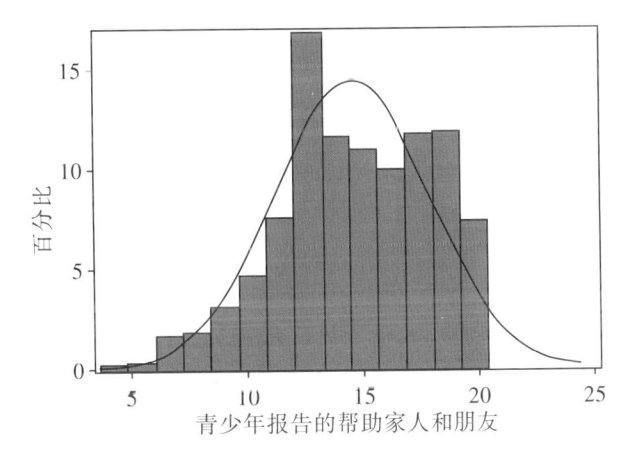

图3.31 青少年报告的帮助家人朋友分布情况
Alpha=0.71, CFI=0.999, TLI=0.998, RMSEA=0.042

四分位数

父母报告的帮助家人朋友量表的分布如下(基于全国初步调查的加权数据):四分位数1:≤12,四分位数2:13-15,四分位数3:16-17,四分位数4:>17。

青少年报告的青少年帮助家人朋友量表的分布如下(基于全国初步调查的加权数据):四分位数1:≤12,四分位数2:13-15,四分位数3:16-17,四分位数4:>17。

3.3.5 环境管理

3.3.5.1 环境管理

环境管理表现为了解生态环境问题,能够承担或者意识到个人责任,并且能够采取行动来关心或改善地球环境。为评定环境管理能力的三个部分,青少年被要求使用"非常不像我……非常像我"的方式回答两个问题,采用同意/不同意的方式回答一个问题,并采用频率量表回答六个问题。父母总共需要回答六个问题,因为认知访谈发现,父母感到无法报告他们的孩子是否在搜集有关生态环境方面的信息,以及他们的孩子购物时是否跟朋友讨论过或者使用可回收塑料袋。

父母报告和青少年报告的量表都有很好的内部一致性系数(均为0.76)和良好的拟合指数。每个量表的数据分布情况也很好,说明这些题项可以有效地测查那些参与或不参与环境管理的青少年的想法和行为。同时效度分析表明,在控制其他干扰变量的情况下,处于环境管理最低四分位数的青少年更有可能会抽烟,在学业成绩中得到A的可能性更小。

重要的是,亚组分析表明,父母报告和青少年报告量表的心理测量在每个亚组中都符合我们的标准。

因此,这些分析结果表明,环境管理量表可以被用于父母和青少年的研究中。

父母报告题项

请判断下列陈述在多大程度上描述你的孩子……

· 我的孩子感觉没有必要为了保护环境而去改变他的/她的生活方式。(非常同意……非常不同意)

· 我的孩子为保护环境贡献自己的一份力量。(非常不像我的孩子……非常像我的孩子)

在过去的一个月,你的孩子多久会做出下列行为?(从来没有……几乎每天)

· 当他/她不用电子设备时,会关掉或拔掉它们的电源。
· 回收利用易拉罐和瓶子。
· 回收利用纸张。
· 志愿参加一个环境保护计划。(见图3.32)

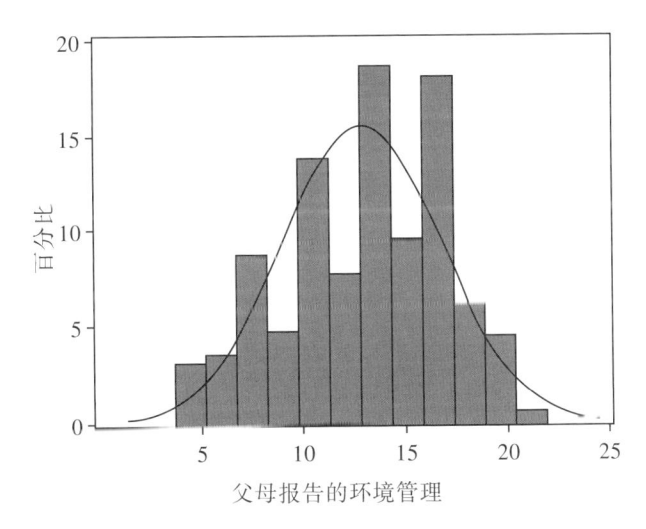

图3.32 父母报告的环境管理分布情况
Alpha=0.76, CFI=0.996, TLI=0.992, RMSEA=0.036

青少年报告题项

请判断下列陈述在多大程度上描述你自己(非常不像我……非常像我)

- 我相信没有必要为了保护环境去改变我的生活方式。(非常同意……非常不同意)
- 我会搜集有关我的行动会怎样影响环境的信息。
- 我为保护环境贡献自己的一分力量。

在过去的一个月,你多久会做出下列行为?(从来没有……几乎每天)

- 当你不用你的电子设备时,会关掉或拔掉它们的电源。
- 回收利用易拉罐和瓶子。
- 回收利用纸张。
- 志愿参加一个环境保护计划。
- 当有朋友破坏环境时,会指出他的/她的错误。
- 购物时使用环保购物袋。(见图3.33)

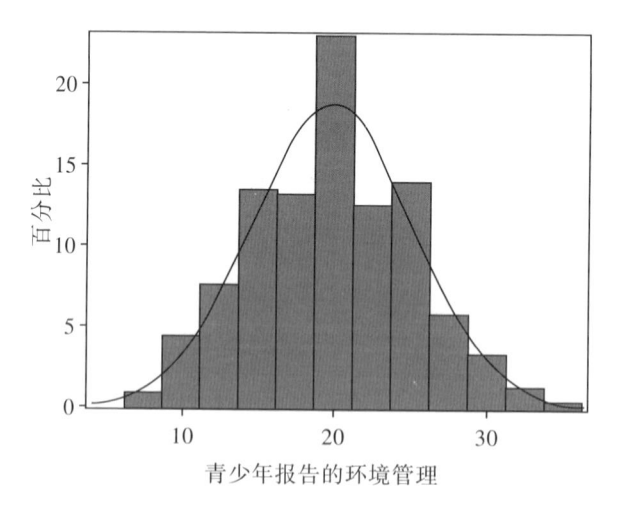

图3.33 青少年报告的环境管理分布情况
Alpha=0.76,CFI=0.986,TLI=0.988,RMSEA=0.059

心理测量分析在各亚组中的评估情况见表3.22。

表3.22 环境管理亚组分析结果

	青少年性别		家庭收入		青少年年龄	
	男	女	低	高	12-14	15-17
青少年量表	√	√	√	√	√	√
父母量表	√	√	√	√	√	√

√表示模型在该亚组拟合良好。

同时效度见表3.23和图3.34。

表3.23 环境管理的同时效度

打架	抽烟	抑郁	成绩
−0.03	−0.13*	−0.03	0.05**

*在0.10水平上显著
**在0.05水平上显著
***在0.01水平上显著

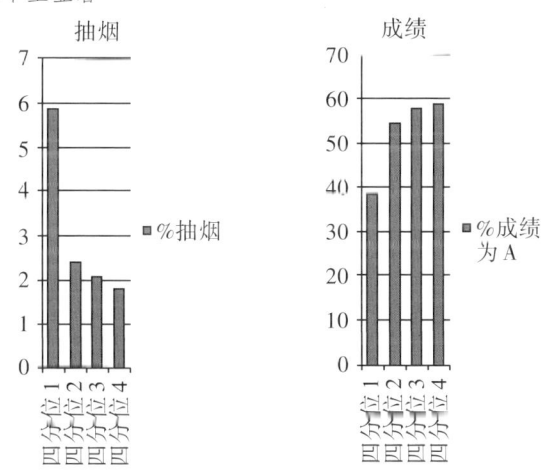

图3.34 环境管理的同时效度
健康和学业成绩在环境管理四分位数上的分布情况。

四分位数

父母报告的环境管理量表分布如下（基于全国初步调查的加权数据）：四分位数1：≤10，四分位数2：11-13，四分位数3：14-16，四分位数4：>16。

青少年报告的环境管理量表分布如下（基于全国初步调查的加权数据）：四分位数1：≤16，四分位数2：17-19，四分位数3：20-23，四分位数4：>23。

3.3.6 个人成长

3.3.6.1 宽恕

宽恕是指个体在感知到被他人伤害时，能够克服负面情绪的能力，既包括原谅他人，又包括原谅自己。

父母报告和青少年报告的量表都只包含三个题项，但这些题项却是不同的。具体而言，父母报告的项目主要是针对亲子关系，而青少年报告的题项集中于宽恕一个对他说谎的朋友。因此，最终量表并不包含宽恕自己的题项，这并没有提供任何其他题项。

鉴于这些量表的题项较少，它们的内部一致性系数有些低（青少年报告和父母报告量表分别是0.56和0.64）。但是，由于一些青少年具有很强的宽恕能力而其他一些则不具备宽恕能力，每个量表的拟合指数都很好，量表数据都有很好的分布。亚组分析是在父母和青少年的联合模型基础上进行的，发现这个量表除了青少年女生组之外的所有亚组均具有可接受的拟合指标。除此之外，我们研究还发现，拥有较高宽恕能力的青少年与较低的打架、抽烟以及较少的伤心和绝望有着显著的相关。

总之，这些量表均可以使用，但是使用者要注意每个量表的侧重点是不同的。

父母报告题项

请判断下列陈述多大程度上在描述你的孩子。(非常不像我的孩子……非常像我的孩子)

- 当我对我孩子生气时,我的孩子依然会靠近我并且和我有良好的关系。
- 当我对我孩子生气时,我的孩子不会记仇和怨恨我。
- 我的孩子很容易宽恕别人(见图3.35)。

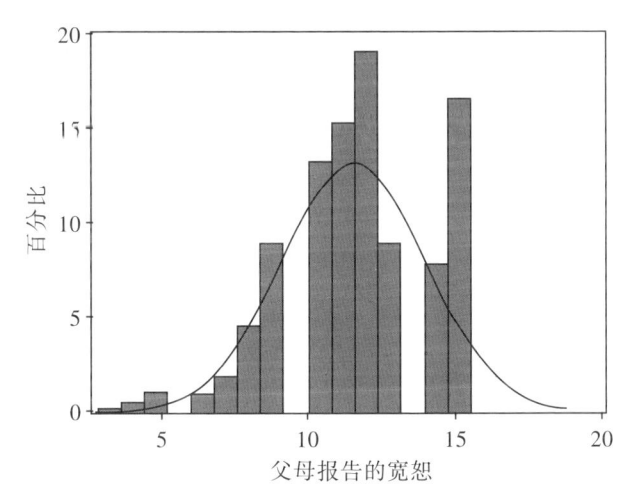

图3.35 父母报告的宽恕分布情况
Alpha=0.64,CFI=1.000,TLI=1.003,RMSEA=0.000

青少年报告题项

请判断下列陈述多大程度上描述了如果一个朋友有很重要的事情对你撒谎时,你的感受或行为……(非常不像……非常像我)

- 如果他们说了抱歉,我会原谅他们。
- 原谅他/她对我来说很容易。
- 消除我的愤怒对我来说很难。(见图3.36)

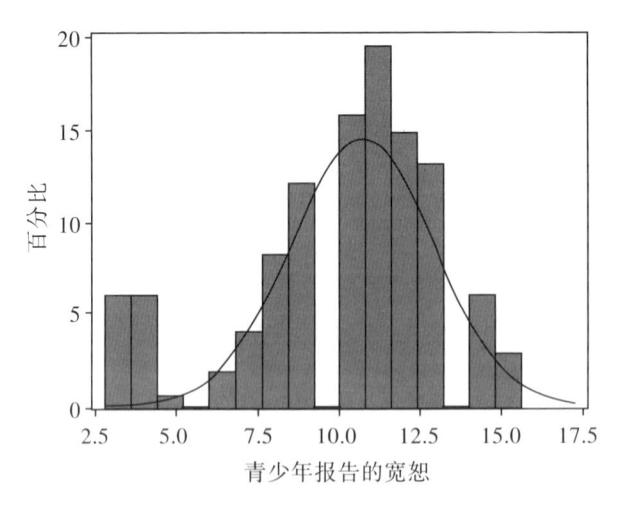

图3.36　青少年报告的宽恕分布情况

Alpha=0.56,CFI=1.000,TLI=1.003,RMSEA=0.000

心理测量分析在各亚组中的评估情况见表3.24。

表3.24　宽恕亚组分析结果

	青少年性别		家庭收入		青少年年龄	
	男	女	低	高	12-14	15-17
父母和青少年量表	√	—	√	√	√	√

√表示模型在该亚组拟合良好。
—表示模型在该亚组拟合不良。

同时效度见表3.25和图3.37。

表3.25　宽恕的同时效度

打架	抽烟	抑郁	成绩
−0.20***	−0.33***	−0.21***	0.08

*在0.10水平上显著
**在0.05水平上显著
***在0.01水平上显著

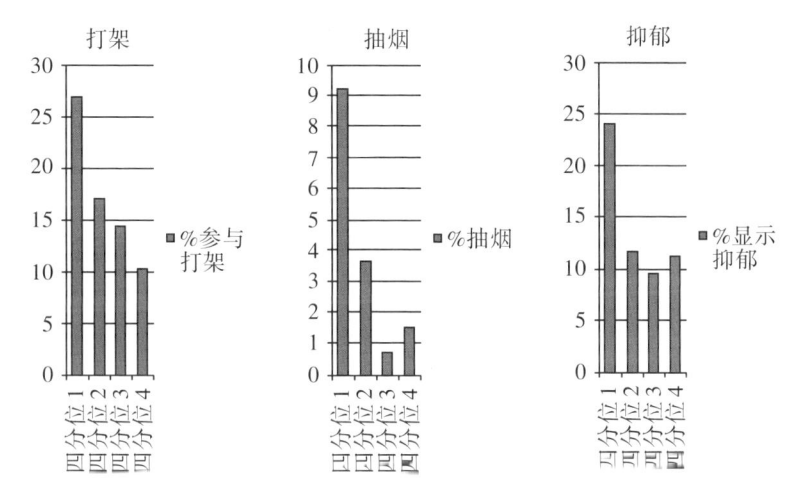

图 3.37 宽恕的同时效度

社会、健康、情绪在宽恕四分位数上的分布情况。

四分位数

父母报告的宽恕量表分布如下（基于全国初步调查的加权数据）：四分位数 1：≤10，四分位数 2：11-12，四分位数 3：13，四分位数 4：>13。

青少年报告的宽恕量表分布如下（基于全国初步调查的加权数据）：四分位数 1：≤9，四分位数 2：10-11，四分位数 3：12，四分位数 4：>12。

3.3.6.2 目标定向

目标定向指一个人具有主动性并且能够制定切实可行的计划，且能够采取行动实现他/她的目标。这个构念是通过父母和青少年回答七个相似的题项进行测量的。五个题项采用"非常像我……非常不像我"的反应类型，而其他的两个题项则是通过频率量表以从"从来没有"到"一直如此"的反应类型进行判断的。

两个量表都有很高的内部一致性系数，父母报告量表的内部一致性系数是 0.93，青少年报告量表的内部一致性系数是 0.88。而且，两个量表都符合我们的心理测量学标准，它们也都有很好的数据分布。青少年的目标定向和所有四个幸福感测量指标有着显著的相关。比如说,高目标定向的青少年有超过90%的人在学业成绩中能得到A,而在目标定向最低四分位数的青少年只有不到40%的人能够得到A。

值得注意的是,该量表在以下亚组中的拟合指标并不符合我们的标准,即性别亚组或者青少年报告量表中年龄较大的组以及父母报告量表中年龄较小的青少年组或者青少年报告量表中高家庭收入组。这可能反映了亚组组内的变异性上的不足,但进一步的研究是很有必要的。

总之,目标定向量表具有很好的适用性,但是对亚组的结果有进一步研究的必要。

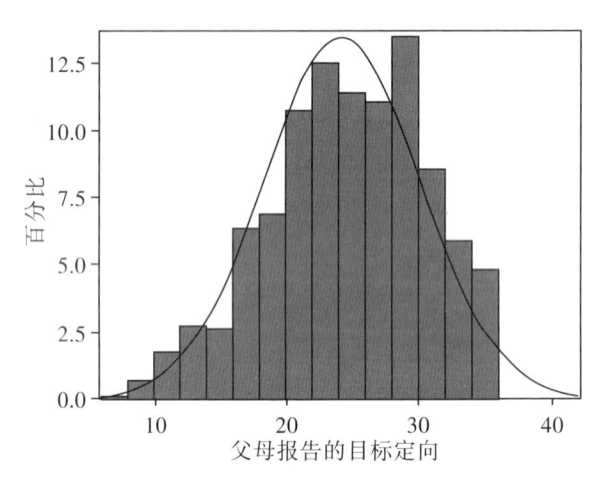

图3.38 父母报告的目标定向分布情况
Alpha=0.93,CFI=0.996,TLI=0.996,RMSEA=0.081

父母报告题项

请判断下列陈述在多大程度上描述你的孩子(非常不像我的孩子……非常像我的孩子)

- 我的孩子会制定循序渐进的计划以实现他/她的目标。
- 我的孩子在他/她的生活中有目标。
- 如果我的孩子设定了目标,他/她就会采取行动去完成。

- 对我的孩子来说实现他的/她的目标很重要。
- 我的孩子知道怎样去实行他的/她的计划。

请判断下列陈述多久发生一次……(从来没有……一直如此)

- 你的孩子经常制定计划,以完成他/她的目标?
- 在制定如何实现他/她的目标时,你的孩子会经常遇到困难?(见图3.38)

青少年报告题项

请判断下列陈述在多大程度上描述你自己(非常不像我……非常像我)

- 我会制定循序渐进的计划以实现我的目标。
- 我在我的生活中有目标。
- 如果我设定了目标,我就会采取行动去完成。
- 对我来说实现我的目标很重要。
- 我知道怎样去实行我的计划。

请判断下列陈述多久发生一次(从来没有……一直如此)

- 你经常制定计划以完成你的目标?
- 你在制定如何实现目标时,你会经常遇到困难?(见图3.39)

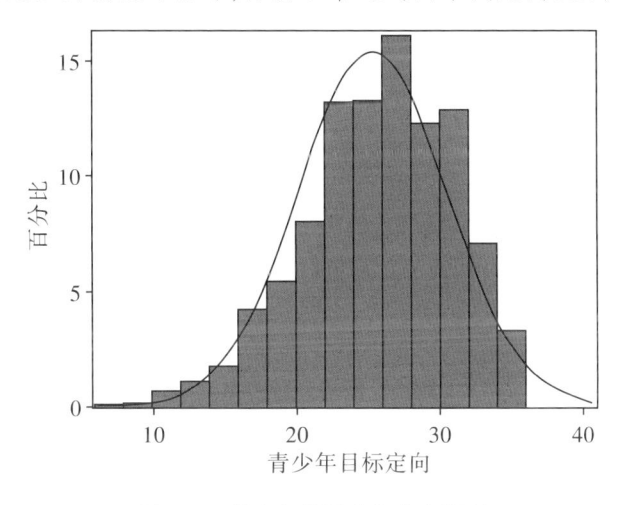

图3.39 青少年目标定向分布情况
Alpha=0.88,CFI=0.994,TLI=0.990,RMSEA=0.072

心理测量分析在各亚组中的评估情况见表3.26。

表3.26　目标定向亚组分析结果

	青少年性别		家庭收入		青少年年龄	
	男	女	低	高	12—14	15—17
青少年量表	—	—	√	—	√	—
父母量表	—	—	√	√	—	√

√表示模型在该亚组拟合良好。
—表示模型在该亚组拟合不良。

同时效度见表3.27和图3.40。

表3.27　目标定向的同时效度

打架	抽烟	抑郁	成绩
−0.07***	−0.13***	−0.10***	0.13***

*在0.10水平上显著
**在0.05水平上显著
***在0.01水平上显著

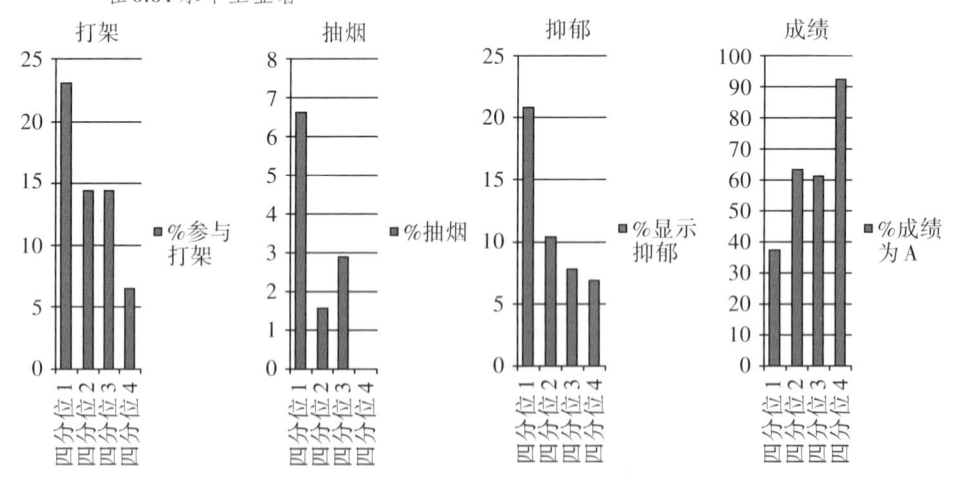

图3.40　目标定向的同时效度
社会、健康、情绪与学业成就的目标定向的四分位分布

四分位数

父母报告的目标定向量表分布如下(基于全国初步调查的加权数据):四分位数1:≤20,四分位数2:21-25,四分位数3:26-29,四分位数4:>29。

青少年报告的目标定向量表分布如下(基于全国初步调查的加权数据):四分位数1:≤22,四分位数2:23-26,四分位数3:27-30,四分位数4:>30。

3.3.6.3 感恩

感恩包括对青少年生活中的美好事物的感激,能够识别他/她的生活中的积极的事物,并且不仅对这些生活中积极的事物怀有感恩之情,还会表达自己感谢之意。父母需要回答五个题项,而青少年仅需要回答四个题项,因为其中有一道题是重复的("孩子发现向他人表示感谢很容易")。所有的题项都采用"非常像我……非常不像我"的反应类型。

父母报告量表具有很高的内部一致性系数(0.91),青少年报告量表的内部一致性系数也很好(0.80)。两个量表都呈正偏态分布,但是两个量表上都存在青少年得分较低的情况。父母报告和青少年报告具有良好的拟合指数。除高家庭收入的青少年亚组以外,青少年报告量表在各亚组中的拟合指数都很好。父母报告量表的六个亚组中有两个亚组拟合不良,即女生组和年龄较小的青少年组。

同时效度分析发现了变量间存在显著的高相关。具有较高感恩水平的青少年和较低的打架、抽烟和抑郁症状呈显著的相关,而与学业成绩中较多地获得A存在显著的相关。

总之,感恩的测量具有良好的适用性。虽然,亚组分析表明对亚组进行进一步的评估是很有必要的。

父母报告题项

请判断下列陈述多大程度上在描述你的孩子……(非常不像我的孩子……

非常像我的孩子)

- 我的孩子对他/她所拥有的东西心怀感激。
- 我的孩子会因我为他/她所做的事情而向我表示感谢。
- 我的孩子发现向他人表示感谢很容易。
- 我的孩子会对他/她的家人表示感激。
- 我的孩子会对那些帮助过他/她的人表示感激。(见图3.41)

青少年报告题项

请判断下列陈述多大程度上在描述你自己……(非常不像我……非常像我)

- 如果要我列举我所感激的一切,那将是一个非常长的清单。
- 我对日常生活心怀感激。
- 如果有好事发生在我身上,我会想起那些帮助过我的人。
- 我发现对别人表示感谢很容易。(见图3.42)

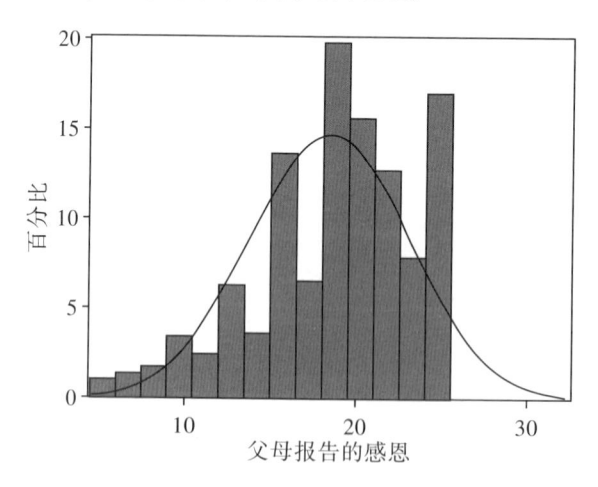

图3.41 父母报告的感恩分布情况
Alpha=0.91,CFI=1.000,TLI=0.999,RMSEA=0.032

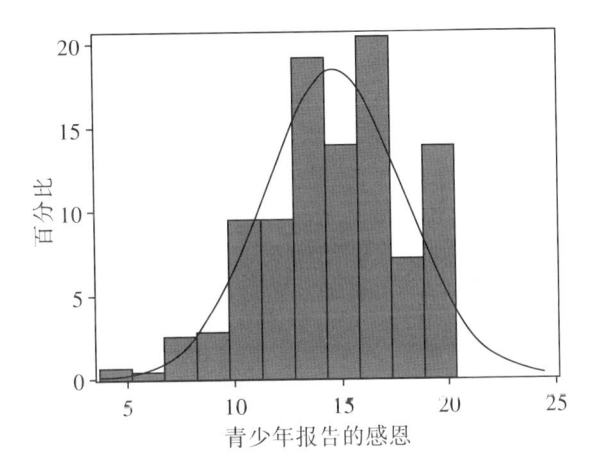

图 3.42 青少年报告的感恩分布情况

Alpha=0.80, CFI=0.999, TLI=0.991, RMSEA=0.072

心理测量分析在各亚组中的评估情况见表 3.28。

表 3.28 感恩亚组分析结果

	青少年性别 男	青少年性别 女	家庭收入 低	家庭收入 高	青少年年龄 12-14	青少年年龄 15-17
青少年量表	√	√	√	—	√	√
父母量表	√	—	√	√	—	√

√表示模型在该亚组拟合良好。
—表示模型在该亚组拟合不良。

同时效度见表 3.29 和图 3.43。

表 3.29 感恩的同时效度

打架	抽烟	抑郁	成绩
−0.10**	−0.23***	−0.10**	0.08**

*在 0.10 水平上显著
**在 0.05 水平上显著
***在 0.01 水平上显著

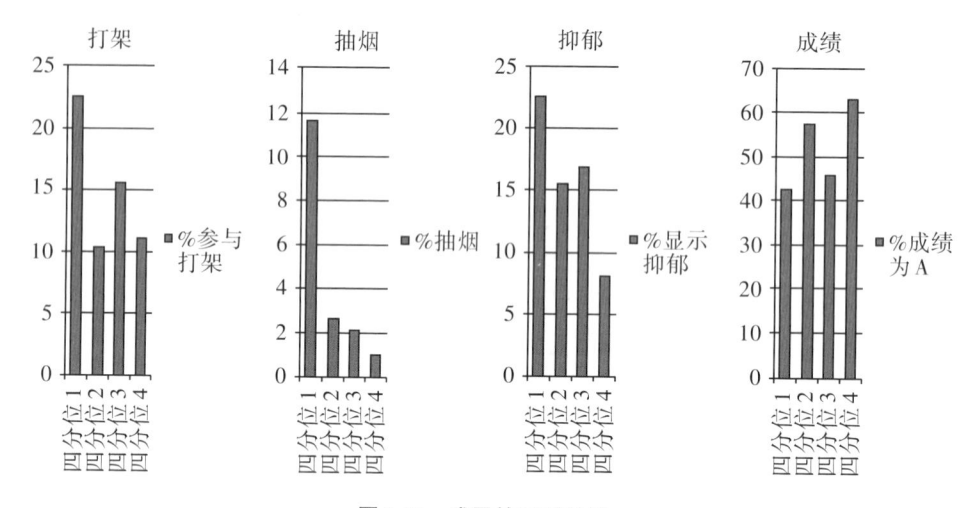

图 3.43 感恩的同时效度
社会、健康、情绪和学业成绩在感恩四分位数上的分布情况。

四分位数

父母报告的感恩量表分布情况如下(基于全国初步调查的加权数据):四分位数 1:≤16,四分位数 2:17—19,四分位数 3:20—22,四分位数 4:>22。

青少年报告的感恩量表分布如下(基于全国初步调查的加权数据):四分位数 1:≤13,四分位数 2:14—15,四分位数 3:16—18,四分位数 4:>18。

3.3.6.4 希望

希望是指一种相信未来是美好的普遍而广泛的期待。这些简短的三项量表可以发现相同的问题,使用"非常像我……非常不像我"的反应类型。

两个量表都有很好的内部一致性系数,父母报告量表的内部一致性系数是 0.73,青少年报告的内部一致性系数是 0.80,并且总体样本上符合我们的心理测量标准。亚组分析中对联合模型进行评估,发现该量表在年龄较大和年龄较小的青少年组,以及在较高和较低家庭收入组均拟合良好。但性别亚组的分析由于数据限制而无法进行。

虽然数据分布呈正偏态,但青少年得分在整个分布中都存在。同时,相对于希望得分处于最低四分位数的青少年而言,希望得分较高的青少年更不太可能会出现打架、抽烟和抑郁症状等情形。拥有希望的青少年更有可能报告在学业成绩中得到 A。

总之,对这个简短量表的分析表明它具有良好的适用性,虽然在本研究中不能证实其在不同性别亚组上的适用程度。

父母报告题项

请判断下列陈述多大程度上在描述你的孩子。(非常不像我的孩子……非常像我的孩子)

- 我的孩子期待有好事发生在他/她身上。
- 我的孩子对他/她的未来感到很兴奋。
- 我的孩子相信他/她的未来会获得成功。(见图 3.44)

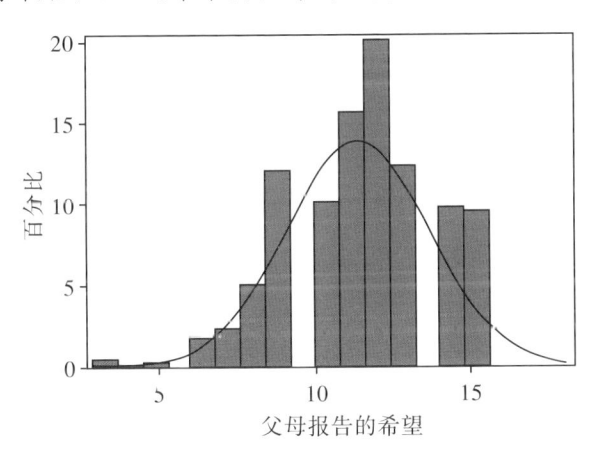

图 3.44 父母报告的希望分布情况
Alpha=0.73,CFI=0.998,TLI=0.987,RMSEA=0.068

青少年报告题项

请判断下列陈述多大程度上在描述你自己。(非常不像我……非常像我)

- 我期待有好事发生在我身上。

- 我对我的未来感到很兴奋。
- 我相信我的未来会获得成功。(见图3.45)

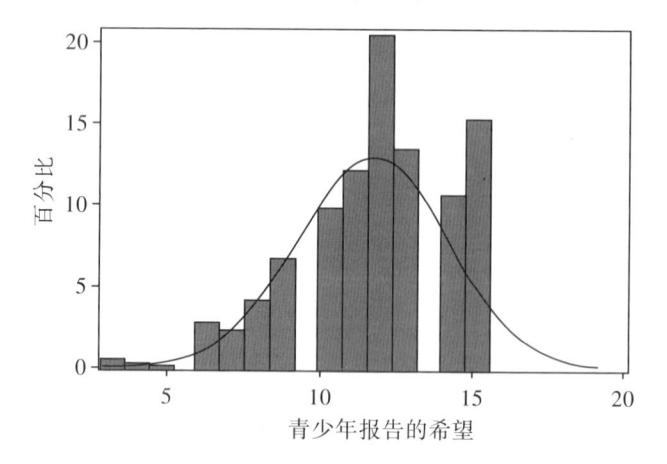

图3.45 青少年报告的希望分布情况
Alpha=0.82,CFI=0.998,TLI=0.987,RMSEA=0.068

心理测量分析在各亚组中的评估情况见表3.30。

表3.30 希望亚组分析结果

	青少年性别		家庭收入		青少年年龄	
	男	女	低	高	12-14	15-17
父母和青少年量表	N/A	N/A	√	√	√	√

√表示模型在该亚组拟合良好。
N/A表示因数据限制该亚组无法进行拟合分析。

同时效度见表3.31和图3.46。

表3.31 希望的同时效度

打架	抽烟	抑郁	成绩
−0.15***	−0.21***	−0.23***	0.20***

*在0.10水平上显著
**在0.05水平上显著
***在0.01水平上显著

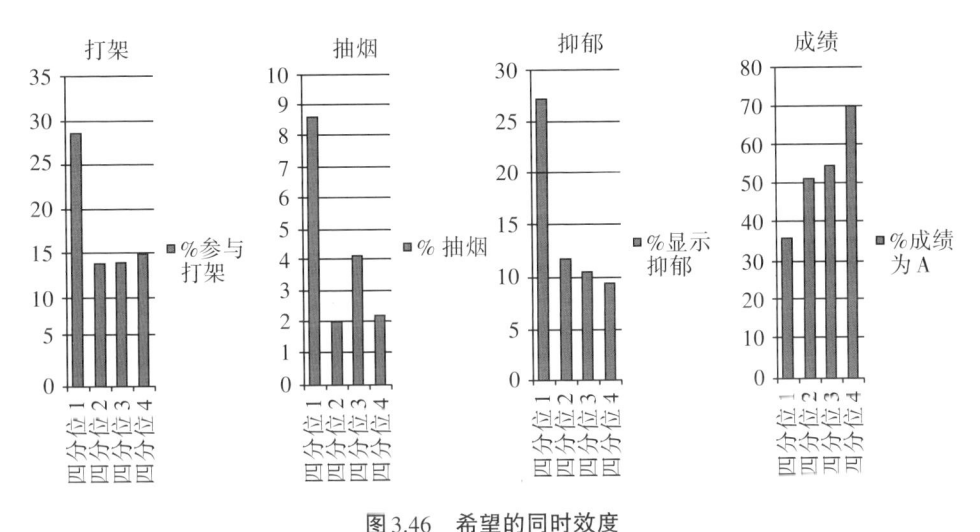

图 3.46 希望的同时效度
社会、健康、情绪和学业成绩在希望四分位数上的分布情况。

四分位数

父母报告的希望量表分布如下(基于全国初步调查的加权数据):四分位数1:≤10,四分位数2:11-12,四分位数3:13,四分位数4:>13。

青少年报告的希望量表分布如下(基于全国初步调查的加权数据):四分位数1:≤10,四分位数2:11-12,四分位数3:13-14,四分位数4:>14。

3.3.6.5 生活满意度

这里我们将生活满意度定义为儿童对自己的生活很满意的感知和自己的生活处在正确轨道上的自我知觉。这个构念是通过父母和孩子回答三个相似问题进行测量的,并且使用了同意/不同意反应形式。

虽然该量表很简短,但是两个量表均有很好的内部信度,父母报告量表的内部一致性系数是0.72,青少年报告量表的内部一致性系数是0.80。此外,两个量表的拟合指数都很好。虽然数据分布呈正偏态,但是每个量表均有很好的数据分布。而且,生活满意度与四个青少年幸福感的测量指标均有很紧密的联系。

亚组测量指标是通过包括父母和青少年在内的联合模型进行评估的,结果表明量表在较低和较高家庭收入组中具有良好的适用性。该模型适用于女生组但不适用于男生组。模型在年龄较小的青少年组拟合指标不良,而在年龄较大的青少年组则因数据限制无法进行分析。总之,这个简短版本的生活满意度具有良好的适用性。需要注意亚组分析所存在的问题,考虑到模型在男生组、年龄较小的青少年组拟合不良,而且在年龄较大青少年组因数据限制拟合指数无法进行分析。

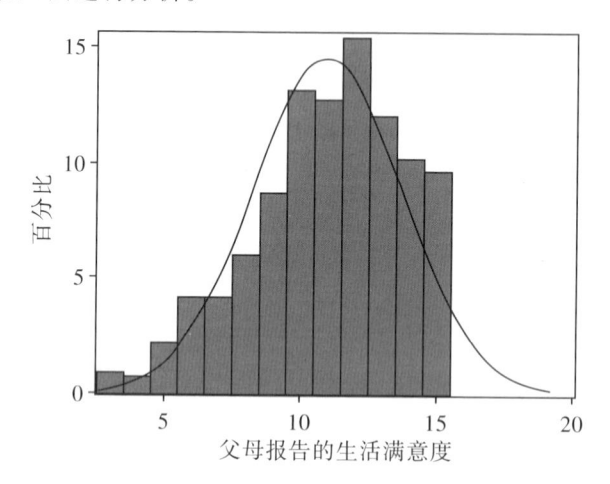

图3.47　父母报告的生活满意度分布情况
Alpha=0.72,CFI=1.000,TLI=0.996,RMSEA=0.036

父母报告题项

请判断下列陈述你在多大程度上同意/不同意。(非常同意……非常不同意)

- 我的孩子希望他/她有不同的生活。
- 我的孩子对他/她的生活感到很满意。
- 目前为止,我的孩子感到他/她的生活正在朝着他/她所希望的那样发展。(见图3.47)

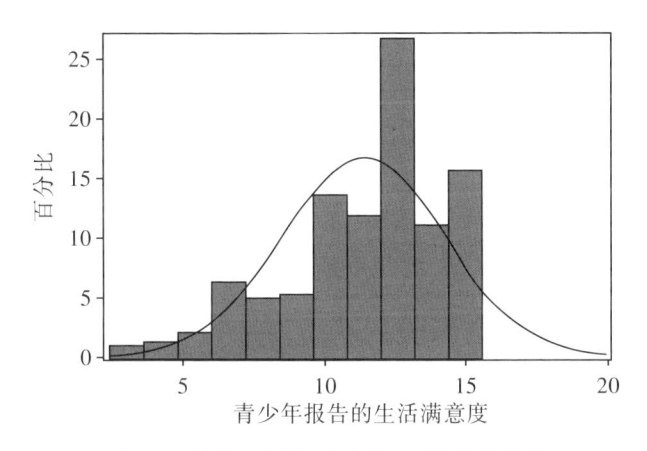

图 3.48 青少年报告的生活满意度分布情况.
Alpha=0.80, CFI=1.000, TLI=0.996, RMSEA=0.036

青少年报告题项

请判断下列陈述你在多大程度上同意/不同意。(非常同意……非常不同意)

- 我希望我有不同的生活。
- 我对我的生活感到很满意。
- 目前为止,我感到我的生活正在朝着我所希望的那样发展。(见图 3.48)

对联合模型的心理测量分析在各亚组中的评估情况见表 3.32。

表 3.32 生活满意度亚组分析结果

	青少年性别 男	青少年性别 女	家庭收入 低	家庭收入 高	青少年年龄 12-14	青少年年龄 15-17
父母和青少年量表	—	√	√	√	—	N/A

√表示模型在该亚组拟合良好;
—表示模型在该亚组拟合不良;
N/A 表示因数据限制该亚组无法进行拟合分析。

同时效度见表3.33和图3.49。

表3.33 生活满意度的同时效度

打架	抽烟	抑郁	成绩
−0.14**	−0.36***	−0.44***	0.14***

*在0.10水平上显著
**在0.05水平上显著
***在0.01水平上显著

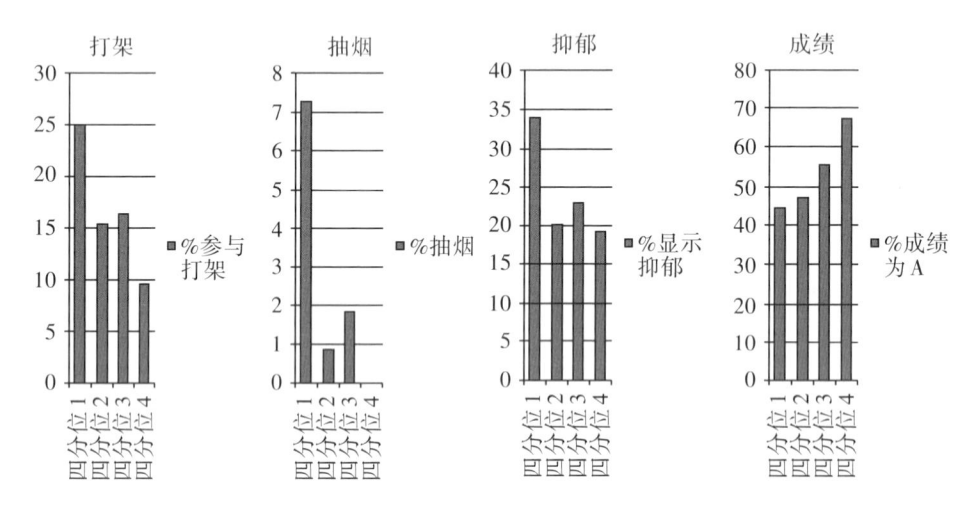

图3.49 生活满意度的同时效度
社会、健康、情绪和学业成绩在生活满意度四分位数上的分布情况。

四分位数

父母报告的生活满意度量表分布如下(基于全国初步调查的加权数据):四分位数1:≤10,四分位数2:11,四分位数3:12-13,四分位数4:>13。

青少年报告的生活满意度量表分布如下(基于全国初步调查的加权数据):四分位数1:≤10,四分位数2:11-12,四分位数3:13-14,四分位数4:>14。

3.3.6.6 目的感

目的感具有促进目标实现、管理行为、指导决策的导向性,同时目的感使青少年怀有实现一些对自己有意义也有可能超越自我的意义和结果的意图。目的感是通过要求青少年回答三个题项进行测量的，使用了同意/不同意反应类型（目的感没有通过父母报告的方式进行测量，因为他们在认知测试中报告说他们无法评估这一构念）。

考虑到这个量表较为简短，分析发现该量表的内部一致性系数较低，仅为0.54。然而，该量表具有很好的拟合指数，所有六个青少年亚组的拟合指数均符合我们的标准。数据虽呈正偏态分布，但是在每个目的感分数段水平上均有青少年分布。另外，较低目的感水平的青少年更有可能出现打架、抽烟和感到抑郁，并不太可能在学业成绩中得到A等。然而，那些目的感得分处于最高四分位数的青少年相对于次高四分位数的青少年，他们更有可能出现打架、抽烟行为，并且不太可能在学业成绩中得到A。这些发现表明了一个很有趣的可能性，即具有非常强烈的目的感相对于具有比较强烈的目的感更不可取。但是，其中仅有中等水平的差别，因而需要其他的分析来证实。

采用联合模型进行亚组分析，结果表明该模型在所有亚组的拟合指标均符合我们的标准。

基于这些分析结果，我们发现三题项目的感量表可以很好地适用于青少年，并且有待应用于其他研究中。

青少年报告题项

请判断你在多大程度上同意/不同意下列陈述（非常同意……非常不同意）

- 我的生活没有意义。
- 我的生活将会对世界产生影响。
- 我现在所做的事情将会帮助我实现生活目标。（见图3.50）

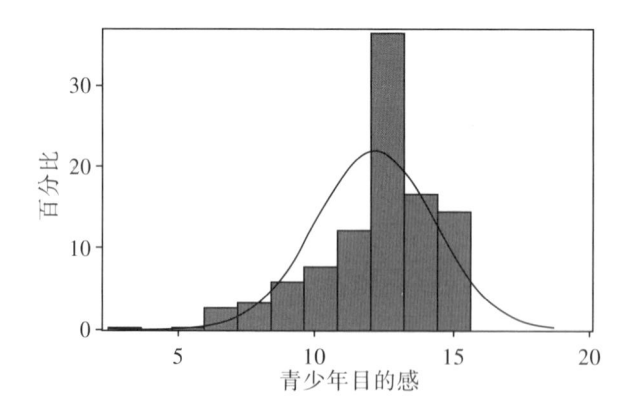

图3.50 青少年目的感分布情况

Alpha=0.54, CFI=0.997, TLI=0.995, RMSEA=0.033

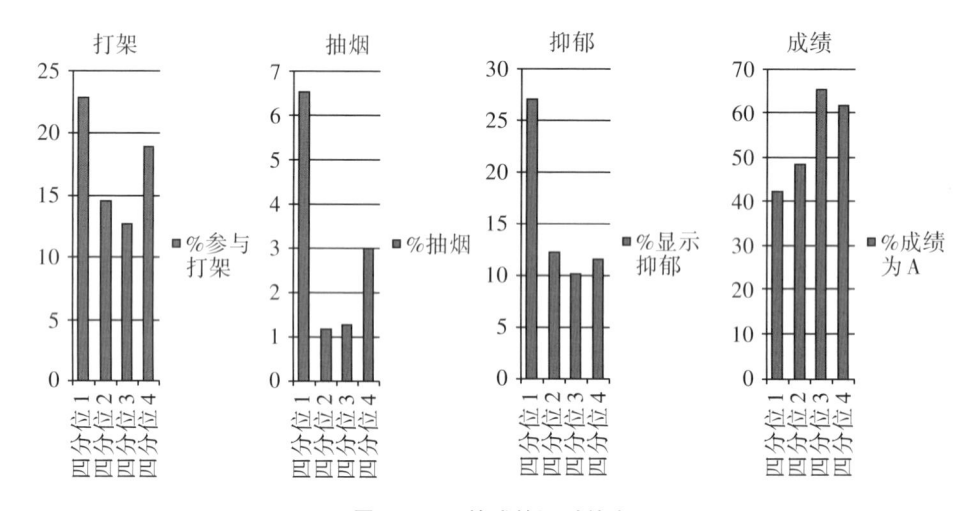

图3.51 目的感的同时效度

社会、健康、情绪和学业成绩在目的感四分位数上的分布情况。

心理测量分析在各亚组中的评估情况见表3.34。

表3.34 目的感亚组分析结果

	青少年性别		家庭收入		青少年年龄	
	男	女	低	高	12-14	15-17
青少年量表	√	√	√	√	√	√

√表示模型在该亚组拟合良好。

同时效度见表3.35和图3.51

表3.35 目的感的同时效度

打架	抽烟	抑郁	成绩
−0.12**	−0.54***	−0.30***	0.17***

*在0.10水平上显著
**在0.05水平上显著
***在0.01水平上显著

四分位数

青少年目的感量表分布如下(基于全国初步调查的加权数据):四分位数1:≤11,四分位数2:12,四分位数3:13-14,四分位数4:>14。

3.3.6.7 精神性

精神性是指对万物一体和神圣性意识的体验或寻求,以及基于这种意识形成认同感、意义、目的感和人际联结。精神性不同于宗教性、宗教参与,但也存在重叠之处,而后者在调查中也经常被测量。经过无数次的迭代计算获得了8个信念题项和7个行为题项。这15个题项均使用从"完全"到"一点也不"的反应类型,并且只由青少年进行报告,因为认知访谈中父母认为他们无法有效地报告他们孩子的精神性问题。

这个量表具有很高的内部一致性系数(0.97),并且具有很好的拟合指数。虽然数据呈正偏态分布,但是每个精神性分数段水平均有青少年分布。结果证明有着较高精神性的青少年有更不太可能性出现抽烟行为,而有更大的可能性在学业成绩中得到A。这对评估精神性和包括性格优势(Character strengths)在内的青少年其他发展结果的联系具有很大的价值。不幸的是,所有亚组的模型拟合指数均不符合我们的标准。

总之,这个量表可以在特定的而不是所有的标准下适用。考虑到开发青少年精神性的测量工具面临巨大的挑战性,我们对于所获得这些积极结果感到鼓舞。但是,我们也建议需要进一步对不同亚组的适用性以及与其他结果变量的关系进行深入检验。

青少年报告题项

请判断你在多大程度上相信下列陈述(一点也不……完全)

- 存在上帝。
- 存在神灵。
- 存在天使。
- 所有的生命都是神圣的。
- 所有的生命都是相互联系的。
- 我和神灵息息相通。
- 我有灵魂。
- 所有的生命都有共同的起源。

你相信某事物存在的信念在多大程度上超越了现实生活……(一点也不……完全)

- 赐予你力量来度过困境。
- 使你远离伤害。
- 影响你对待他人的方式。
- 给你的生活带来快乐。
- 给你的生活带来平和。
- 指引你在日常生活中的所思所行。
- 是你自我的重要组成部分?(见图3.52)

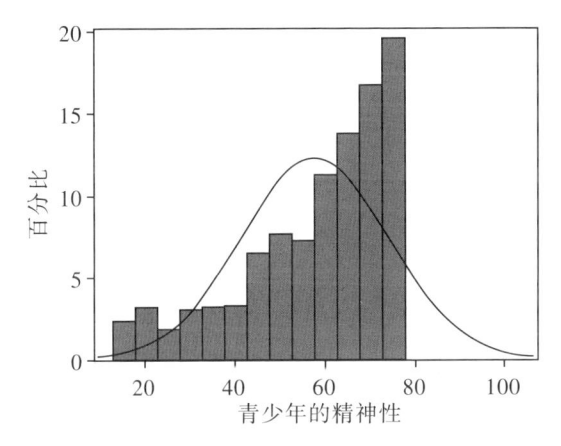

图 3.52　青少年精神性分布情况
Alpha=0.97，CFI=0.995，TLI=0.994，RMSEA=0.075

心理测量分析在各亚组中的评估情况见表 3.36。

表 3.36　精神性亚组分析结果

	青少年性别		家庭收入		青少年年龄	
	男	女	低	高	12-14	15-17
青少年量表	—	—	—	—	—	—

— 模型和这个亚组拟合不良。

同时效度见表 3.37 和图 3.53。

表 3.37　精神性的同时效度

打架	抽烟	抑郁	成绩
−0.01	−0.06***	−0.02	0.02**

*在 0.10 水平上显著
**在 0.05 水平上显著
***在 0.01 水平上显著

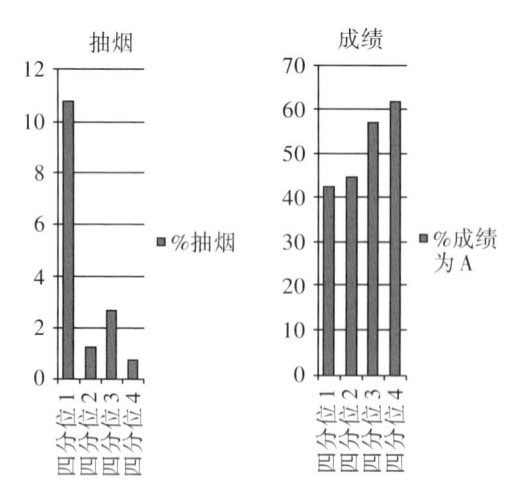

图3.53 精神性的同时效度

根据健康和学业成绩划分的精神性四分位数。

四分位数

青少年精神性量表的分布如下（基于全国初步调查的加权数据）：四分位数1：≤51，四分位数2：52-64，四分位数3：65-71，四分位数4：>71。

3.4 讨论

这些量表是我们高素质的专业研究团队历经数载、精诚合作、细致有序的工作基础上开发出来的。本研究中现有题项是在先前研究中使用过且经过修订的题项，此外我们还编制了新的题项。接着，这些题项又被进行检验，并且根据在三轮认知测试中青少年和父母提出的评论和问题以及我们顾问团队所提供的测量结果，再次进行了修订。总之，我们很高兴所编制的大部分量表将在以后的调查中使用,不过我们已经在必要的地方提出了警告和进一步研究的建议。

针对横跨特定的构念进行额外分析是非常重要的。我们使用一个单因素模型来评估个体构念是否是独立的,或者不同构念测量的是否为相同的潜在积极构念。除一个例外情况外,其他构念的单因素假设均得到了证实。具体而言,用来测量慷慨的两个题项在利他行为上存在交叉载荷。除此之外,每个量表的题项都只适用于相应的独立的构念。这就表明这些不同的构念都测量的是独立的构念,而不是一个潜在的人格因素、情感或态度。这个发现对于解决积极品质可能存在潜在构念的担忧是很重要的。

一个普遍的发现是,与父母报告相比,青少年可能是对他们自己发展状况更好的报告者。这一发现并不奇怪。实际上,值得注意的是父母报告的题项总体上也相当出色。只是因为父母认为报告关于他们孩子的几个构念比较勉强,比如说精神性和目的感,因此并不是在所有的构念测量中都包含了父母报告的数据。这似乎是这个领域中非常重要的一条信息,就像我们不能要求父母报告所有的消极行为(比如吸毒和性)一样,我们也不能要求父母报告所有的积极行为和特质。

这些构念既要在处境优越的人群也要在处境不利人群中进行测试,我们的认知访谈和初步研究均是在各种不同的被试样本中完成的。但是,我们实际初步研究样本并没有包含足够的非裔美国人和西班牙人以单独测量种族/人种亚组的拟合指标。不过,我们已经测量了模型在低/高家庭收入组、青少年的性别组、年龄组中的适用性。我们发现,总体样本良好的拟合指标往往都可以在亚组分析中得以证实,虽然并非所有的情况都如此。

当然,本研究仍存在一些不足。比如说,所开发量表仍需要在其他亚组进一步检验,特别是种族/人种组。另外,为满足大规模问卷调查对于量表简短性的要求,在可能的情况下我们将会进行更多的心理测量分析以确定一个题项测量一个构念的可行性。同样,在预调查中包含了采用各类方法和答案选项的实验测试,这些分析结果将被单独予以报告。实验测试的目的是探究同意/不同意反应量表相较于特定独立构念的反应量表对于信度和其他测量指标的影响。为了检验量表信度是否会受到题项反应量表的影响(同意/不同意或者"特异的构念(construct specific)"),我们将会/已经计算量表的内部一致性系数,并且对每个量表进行比较。其他和数据质量相联系的结果将会/已经经过检验,包括数据分布差异的描述性分析、类别的使用(包括默许偏差和积极效价)和实施时间。此外,与年龄的相关也需要进行检验[1]。

3.5 结论

开发可以用于各种各样人群的、测量积极构念的简短量表是一项具有挑战性的任务。所开发的题项需要供不同性别、不同处境、不同年龄段的青少年回答。很多测量工具因数据的极端偏态分布而导致无法使用。

虽然遇到很多挑战,令人满意的是我们充满希望、费尽心血、目标明确地开发了一系列将在各类群体准备使用的测量工具。这些测量工具经受住了多轮认知访谈的考验,并且在一个全国性样本中成功地得到了检验,它们有着良好的心理测量学特征,并且和社会、健康、情绪和学业成绩等变量具有很好的同时效度。

在下面的注意事项中,我们将告知以下量表的可使用或不可使用的情况,具体如下:

人际关系能力

·共情——总体样本符合所有标准,但在几个亚组有所不足。

---

[1] 有关青少年积极发展计划的相关数据都可以在 http://www.childtrends.org/positiveindicators 上免费获得。我们诚挚地期望这些数据可以用于其他有价值的研究

·社会能力——准备使用,特别是对青少年报告量表。

人际关系发展

·亲子关系——准备使用,但是青少年报告量表优先使用。

·同伴友谊——具有很好的心理测量指标,但是需要在其他幸福感指标上进行检验,并且在几个亚组上有不足之处。

学校和工作的发展

·勤勉尽责——准备使用,特别是对青少年报告量表。

·教育投入——父母和青少年报告量表准备使用,持保留意见。

·主动性——准备使用。

·节俭——准备使用。

·诚信正直——数据分布偏态,但准备使用。

助人成长

·利他行为——准备使用,但需要其他幸福感指标进一步检验。

·慷慨/帮助家人朋友——慷慨量表不准备使用,虽然可以从现有题项中创建出一个用于测量帮助家人和朋友的可用量表。

环境管理

·环境管理　准备使用。

个人成长

·宽恕——准备使用。

·目标定向——准备使用,但有必要做进一步的亚组检验。

·感恩——准备使用,特别是青少年报告量表。

·希望——准备使用,但注意事项是性别组的拟合指标无法检验。

·生活满意度——准备使用。

·目的感(只询问了青少年)——准备使用。

·精神性（只询问了青少年）——具有很好的心理测量指标，但有必要采用其他的幸福感指标进行检验；亚组分析不符合标准。

想了解更多关于我们积极指标的开发以及未来研究进展方面的信息，可登陆 http://www.childtrends.org/positive indicators

参考文献

Bollen, K. (1989). *Structural equations with latent variables.* New York, NY: Wiley.

Carle, A. C., & Weech-Maldonado, R. (2012). Validly interpreting patients' reports: Using bifactor and multidimensional models to determine whether surveys and scales measure one or more constructs. *Medical Care*, 50, S42 - S48.

Hu, L., & Bentler, P. M. (1998). Fit indices in covariance structure modeling: Sensitivity to underparameterized model misspecification. *Psychological Methods*, 3, 424 - 453.

Hu, L., & Bentler, P. (1999). Cutoff criteria for fit indexes in covariance structure analysis: Conventional criteria versus new alternatives. *Structural Equation Modeling: A Multidisciplinary Journal*, 6, 1 - 55.

Little, R., & Rubin, D. B. (2002). *Statistical analysis with missing data* (Vol. 2). New York, NY: Wiley.

McDonald, R. P. (1999). *Test theory: A unified treatment.* Mahwah, NJ: Erlbaum.

Muthén, B. (1984). A general structural equation model with dichotomous, ordered categorical, and continuous latent variable indicators. *Psychometrika*, 49, 115 - 132.

Muthén, B. O.(1989). Latent variable modeling in heterogeneous populations. *Psychometrika*, 54, 557 - 585.

Muthén, L. K., & Muthén, B. O.(1998 - 2010). *Mplus user's guide*(6th ed.). Los Angeles, CA: Muthén & Muthén.

Reise, S. P., Ventura, J., Keefe, R. S. E., Baade, L. E., Gold, J. M., Green, M. F., et al.(2011). Bifactor and item response theory analyses of interviewer report scales of cognitive impairment in schizophrenia. *Psychological Assessment*, 23, 245 - 261.